U0113625

中国古代大政治家的治国智慧

◎ 马平安 著

孔子问政

以正治国与以德化民

中国文史出版社

图书在版编目（CIP）数据

孔子问政：以正治国与以德化民 / 马平安著 . --
北京：中国文史出版社，2021.12
（中国古代大政治家的治国智慧）
ISBN 978-7-5205-3160-3

Ⅰ . ①孔… Ⅱ . ①马… Ⅲ . ①孔丘（前 551- 前 479）—生平事迹
Ⅳ . ① B822.2

中国版本图书馆 CIP 数据核字 (2021) 第 181877 号

责任编辑：窦忠如

出版发行：中国文史出版社
社　　址：北京市海淀区西八里庄路 69 号院　　邮编：100142
电　　话：010-81136606　81136602　81136603（发行部）
传　　真：010-81136655
印　　装：廊坊市海涛印刷有限公司
经　　销：全国新华书店
开　　本：787×960　1/32
印　　张：7.5
字　　数：129 千字
版　　次：2022 年 9 月北京第 1 版
印　　次：2022 年 9 月第 1 次印刷
定　　价：42.00 元

作者简介

马平安，1964年生，河南卢氏人，历史学博士，中国社会科学院近代史研究所研究员、中国社会科学院大学教授。出版著作《晚清变局下的中央与地方关系》《近代东北移民研究》《北洋集团与晚清政局》《中国政治史大纲》《中国传统政治的基因》《中国近代政治得失》《走向大一统》《传统士人的家国天下》《黄帝文化与中华文明》《孔子之学与中国文化》等30余部，发表文章50余篇。

总　序　治理国家需要以史为鉴

　　世上任何事情的出现，都是一种因缘关系在起作用的结果。

　　这套即将问世的政治家与中国传统国家治理智慧的小丛书，即是本人对中国传统政治与文化多年学习与思考后水到渠成的一种自然的结果。

　　从宏观上来看，国家的治理是一项十分复杂的系统工程。但如果将这一复杂性和系统性作抽象的归类，其基本内容则主要只有两项，也就是《管子·版法解》中所说的"治之本二：一曰人，二曰事"。这其中，人才是关系国家兴衰的第一要素，所以《管子·牧民》篇又说："天下不患无臣，患无君以使之；天子不患无财，患无人以分之。"历史上，政治家对国家制度的探讨、官员的任用、民众的管理、财政的开发、外交的谋划、各种突发事件的应对及处理，等等，无不是对国家治理经验的丰富与积淀，而由这些内容所形成的政治文化，就成为中华民族文化中极其重要的组成部分。

中外古今大量历史经验表明，一个国家和民族的存在与发展，最根本的依赖是文化，以及由文化而产生出来的文化精神。民族的文化精神是一个国家和民族赖以生存和发展的支柱，是一个国家和民族的脊梁，代表着一个国家和民族的精气神。离开了文化和文化精神的支撑，该国家或民族的存在便无以为继。从周公到康熙皇帝，他们都是在中国乃至中华民族发展历史上作出了巨大贡献的杰出人物，他们缔造的政治制度、所展现的政治智慧，都成为中国文化精髓中的重要组成部分，对中华民族的传承与发展有着不可替代的支撑作用。

中国古人懂得总结历史经验教训的重要性，应该是从黄帝时代就开始了，但有明确文字记载的，则要从周人说起。

周人对历史经验的总结、回顾，从文王时代就已经有了明确的记载。《诗经·大雅·荡》篇引文王所说的"殷鉴不远，在夏后之世"，就是周文王针对殷纣王不借鉴也不重视夏后氏被商汤灭亡的教训所发出的叹惜。朱熹在其《诗集传》中说："殷鉴在夏，盖为文王叹纣之辞。然周鉴之在殷，亦可知矣。"文王一方面为殷纣王而叹惜，另一方面也以历史的经验教训作为周人的戒鉴。

殷商灭亡后，周武王、周公以及其他一些有为的周王和辅政大臣更是常常总结夏殷两代人的经验教训。这可以分成两个方面，一方面是对夏殷两代成功统治经验的总结以供学习、效法；另一方面是对夏殷两代执政者的罪过、错误和失败教训的总结以供戒惕。这种模式，可以说是开了中国人史鉴意识的先河。

周人思维的特征之一就是习惯以古观今，拿历史来借鉴、说明、指导现实以照亮未来前进的方向。周初统治者即是这种思维特征的代表人物。周公治理国家，不仅总结了夏殷两代失败的历史教训，而且还总结了夏殷先王成功的历史经验，并对这些经验予以高度的赞扬和汲取，从而开创了中国历史上的封建政治制度与建立了家国一体的文化意识。从《周易》《尚书》《诗经》《周礼》《仪礼》等若干先秦文献中，都可以看到周人具有的这种浓郁的史鉴意识。这种文化意识，深深地影响了中国人的文化与心理。

在现实生活中，我们在欣赏画作时，都知道每幅作品中藏着一个画魂，这个"魂魄"，往往代表了这幅画境界的高低与价值的大小。

以史观画，史学的作品，又何尝不是如此呢？

本丛书之"魂"，即是"传统国家治理的经验与教训"。这是一条古代政治家治理国家所汇集而成的波浪滔天、奔流不息的历史长河，在这条奔腾前行的河面上不时迸溅出交相辉映、绚丽夺目的朵朵浪花。

这也是一条关于中国古代治理智慧的珍珠玛瑙链，是对古代政治家治国理政智慧和务实政治原则的浓缩，是对古代统治者及关注政治与民生的政治思想家们勇猛精进所创造历史的经验教训的一种总结。

纵观中国古代治理史，夏、商、周三代，周公对国家的治理最具有代表性，他封邦建国，创建宗法制度、礼乐文化，以德治国，注重史鉴，对中国传统政治文化价值体系的形成和发展，有着独特的贡献。春秋时期，孔子对国家治理的思考与探索亦堪称典型。他把政治的实施过程看作是一个道德化的过程，十分强调执政者自己在政治实践中以身作则的表率作用，主张"礼治""德治""中庸"，十分强调统治者在治国理政中富民、使民、教民的重要性。战国时期，商鞅改革的成就史无前例。商鞅最重视国家的"公信力"，他主张用法治手段将国民全部集中于"农战"的轨道，"法""权""信"构成了他的治国三宝。在商鞅富国强兵政策的基础上，秦王嬴政实现了国家的统一。秦始皇所开创的中华帝制、郡县制，所拓展的疆域，进一步奠定了中华民族发展的基础。楚汉战争胜利后，刘邦建汉。作为一个务实且高瞻远瞩的政治家，他更具有史鉴意识，采用"拿来主义"，调和与扬弃周秦政治，他的伟大之处在于实行"秦果汉收"，兼采周公与秦始皇治国理政的长处，从而较好地解决了先秦中国政治遗产的继承和发展问题。汉武帝是继周公、孔子、秦始皇、汉高祖之后又一具有雄才大略的不世之主。他治国理政兼用王霸之道，在意识形态上采取文化专制主义，尊崇儒术，重视中央集权以及皇权的建设。三国两晋南北朝时期，因为分裂与战乱，这一时期鲜有在国家治理方面高水平的大政治家，其间尽管有曹操的挟天子以令诸侯、在北方开辟屯田；诸葛亮治理西蜀与西南地区，但皆无法与统一强大王朝的治理体系与能力相媲美。唐宋时代，唐太宗、宋太祖对国家的治理堪为后世示范。唐太宗的三省制衡机制、宋太祖对文官制度的重视与建设都很有特色。北宋后期有王安石变法，但这种努力以失败而告终，非但没有能够挽救北宋王朝，相反倒十足加剧了北宋的动荡与灭亡。明代中后期，统治者一直在寻找振兴之路，其中以张居正新政最具代表性。张居正治国理政所推行的考成法与一条鞭法，为后来治国者的治吏与增加财政收入提供了经验教训。清朝前期，康熙皇帝用理学治国，用各民族团结代替战国以来的"长城线"边防思维，今天中国五十六个民族、幅员辽阔的疆域领土、大国的自信，等等，都是那个时候奠定的。康乾盛世是中国古代五大盛世中成就最高的盛世，康熙皇帝治国理政的经验教训值得总结。

从历史上看，历代帝王圣贤皆重视治国理政、安民惠民，这是经济义理之学所以能成为中国传统文化核心特征的一大重要因素。

笔者以为，在追求学问之路上，大致可以分为四重境界来涵养：

第一重境界，专业之学。也可以称为职业之学，是人们讨生活、养家庭，生存于天地、社会间必具的一门专业学问。只要努力与坚持，人人可为，尽管会有程度高低不同。

第二重境界，为己之学。也可以说是兴趣之学、爱好之学、养基之学。对于这种学问，没有功利，不为虚名，只为爱好而为之。

第三重境界，立心之学。在尽可能走尽天下路、阅尽阁中书，充分汲取天地人文精华的基础上，立志尽己之能为人间留一点正能量的东西，哪怕是炳烛、萤火之光。

第四重境界，治国平天下之学。这种学问在实践上有诸多苛刻条件的限制，无职无位无权者很难走得更远；在理论上也需要有远大抱负、超凡脱俗之人来建树。做这种学问的目的，在于"为万世开太平"，为民族为国家之繁荣富强，为民众之安康福祉，生命不息，追求不已。

从格局上看，古人读书写作多非专职，由兴趣爱好适意为之，因为不是为了"衣食"，故以"为己"之学为多，其旨意亦多追求"立德立功立言"，在著作上讲究"经济义理考据辞章"。窃以为，古人眼中的"经济"，远不是今人所说的"经济"。"经"者，经邦治国；"济"者，济世安民也。经邦治国，济世安民才是古人心中的"经济"之学。"义理"是追求真理，为世人立心，替生民立命。"考据"重在材料在学术研究中的选择及运用。"辞章"则是重视文采的斑斓与华丽。对"经济""义理"的向往和追求是国人的动力，是第一位的。孔子曰："言而无文，行之不远。"此"文"说的就是"经济""义理"。"考据"需要勤奋、细心、谨慎、坚持就可以做到。"辞章"则往往与人的天赋与性格关系很大，千人千面，很多不是通过努力就能达到的。姚鼐在《述庵文钞·序》上说："余尝论学问之事，有三端焉，曰：义理也，考证也，文章也。"章学诚在《文史通义·说林》中说："义理存乎识，辞章存乎才，征实存乎学。"今天，如何学习与继承中国古人优良的著述传统，在生活实践中树立"修齐治平""家国天下""立德立功立言"三不朽意识，将"经济义理考据辞章"融会贯通，目前还有很多值得努力的地方。

从学术角度言，一部好的史学作品，离不开对史料的抉择与作者论述的到位。资料的充实、可靠，作品的立意高格、布局得体是形成一部好作品的必要条件，尤其是资料是否充实、可靠更是研究工作的基础。很明显，本丛书的立意布局都需要充实的资料来讲话。不幸的是，中国虽然是一个历史大国，然而扫去历史的尘埃，一旦进入相关领域认真搜寻探究，就会发现，史料的不足与缺乏成为制约史学作品完善与深入的瓶颈。从现有资料看，研究周公治国主要有《周易》《今古文尚书》《周礼》《仪礼》等；商鞅有《商君书》、出土的文物、《史记》等，孔子有五经、《论语》等；秦始皇有《史记》中的《秦始皇本纪》《秦本纪》，以及一些出土的秦简、文物等；汉高祖、汉武帝有《史记》《汉书》及汉人留下的一些著作；唐太宗有《贞观政要》《新唐书》《旧唐书》等；宋太祖有《宋史》《续资治通鉴长编》《续资治通鉴》等；王安石有《王安石全集》《宋史》《续资治通鉴长编》等；张居正有《张太岳集》《明史》《明实录》等；康熙皇帝有《康熙政要》《清史稿》《康熙起居注》《清实录》等，可作为参考。但说实话，这些资料仍然很不够，一句话，资料的缺乏与不足影响了本丛书认识与探索的空间，这也是美中不足、无何奈何的事情。

此外，史学作品要求一切根据资料讲话的特点，也决定了其风格只能是如绘画中的工笔或白描，而不能采用写意的手法，随意挥洒，这也影响了作品的表达形式。

本丛书是为人民大众服务的，首先，需要风格活泼、生动、有趣味，文字通俗、流畅、易懂、可读；其次，力求作品的学术性、严肃性与准确性。也许，只有在坚持学术性、严肃性与准确性的前提下，把学究式的文风变成人民大众喜闻乐见的文风，才能收到更广泛的社会效应。但我深知，很多地方还远远没有做到。"路漫漫其修远兮，吾将上下而求索。"大众学术一直是笔者努力的方向。

目前，中国正在进行伟大的变革，如何推进国家治理体系和治理能力现代化，这既是全面深化改革的热点，更是一个难点问题。在中国这样一个具有悠久历史和文化传统的国度里，我们必须遵循中华民族自身的发展规律，循序渐进地向前迈进。

习近平总书记指出："一个国家选择什么样的国家制度和国家治理体系，是由这个国家的历史文化、社会性质、经济发展水平决定的。"这提醒我们，中国的发展道路具有中国自身特色，实现中国国家治理现代化，离不开中国历史传承和文化传统，离不开中国经济社会发展水平，离不开中国人民自己的选择。

历史与文化是"民族的血脉，是人民的精神家园"，历史不能割断，实现中国国家治理现代化，需要中国"历史传承和文化传统"，源于"古"而成就于"今"，从中国古代的政治实践中汲取有益的营养，努力探寻传统文化的现代转化，为构建当今和谐社会提供借鉴，这是本丛书问世的目的所在。

希望这套小丛书能够多少帮助到对中国古代政治史感兴趣的人们！

作者 2020 年底于京城海淀

目　录

前　言　泰山哲人

　　梁漱溟说："孔子以前的中国文化差不多都收在孔子手里，孔子以后的中国文化又差不多都由孔子那里出来。"[①] 作为一位学识渊博、思想卓越的文化巨人，孔子上承五帝时代至夏商周文明之精华，下开中国两千余年思想文化之正统。他对中国与世界的影响，无论过去、现在或未来，怎么评估和期望都不能视为过分。他的思想内容、思维方式、价值观念、行为特征，经过两千余年的春风化雨，已经融入了我们民族的血液，潜移默化成为国人的生命，熔铸成为一个民族的品质，成为中华文化的代表，薪火相传，代代承继。

　　在中国这个历史悠久、幅员辽阔的国度里，自汉以后，因为政府的倡导，夫子大道逐渐被社会各阶层的人们所普遍接受，成为人间秩序的维护者，成为中国文化的符号象征。孔子就像一束光，穿透夜空，如日月经天。他用自己的修为、

---

① 梁漱溟著：《东西文化及其哲学》，商务印书馆 1999 年版，第 150 页。

努力、奉献与智慧给世人指出了修行的法门。

孟子将孔子对华夏文明的贡献视同平治大洪水的大禹、为天下万民立规矩的周公。

然而，孔子的形象，经过两千多年来世人的不断改变与塑造，至今已经面目全非，真可谓是千人千面。政治家从中读出了治国安邦的智慧，哲学家从中读出了天人相谐的文化命题，教育家从中读出了有教无类的仁爱理念，伦理家从中读出了悲天悯人的道德情愫，历史家从中读出了家国同构的大一统模式，进取者从中读出了自强不息、奋发上进的积极人生。

李大钊说："实在的孔子死了，不能复生了，他的生涯、境遇、行为，丝毫不能变动了；可是那历史的孔子，自从实在的孔子死去的那一天，便已活现于吾人的想象中，潜藏于吾人记忆中，今尚生存于人类历史中，将经万劫而不灭。"[1] 李大钊将孔子分成"实在的孔子"与"历史的孔子"，这种分法倒是颇有几分趣味，笔者比较赞同。下面，简单谈一下个人的看法。

一、食人间烟火的孔子

真实的孔子，早年坎坷而苦难，三岁丧父，十七岁丧母，青少年时期过着十分艰难的生活。孔子说他"十五有志于学"。

---

① 李守常著：《史学要论》，商务印书馆 1999 年版，第 80 页。

经过刻苦努力，实现了"三十而立"。因为从政的机缘一直未至，于是他就走上了另外一条人生之路，即开办私人学堂，开始收徒讲学，机缘巧合使他成为中国历史上最早最成功的教育家。三十五岁那年，"孔子适齐，为高昭子家臣，欲以通乎景公。"①齐景公本欲打算重用孔子，但在晏婴等权臣的反对下作罢。在齐三年，孔子非但没有得到重用，反而引起了齐国一些掌权人物的忌惮，他们"欲加害孔子"，孔子空梦一场，匆忙离齐返鲁，这是孔子的第一次求仕。从齐国回到鲁国后，孔子继续收徒办学。因为在齐求仕的挫折，此后好多年，孔子没有再从事任何实际求仕的政治活动，而是在"三十而立""四十不惑"一直到"五十而知天命"的人生宝贵的岁月中，把主要精力放在培养学生、潜心做学问上面。孔子五十岁那年，终于等到了出山从政的机会。"其后，定公以孔子为中都宰，一年，四方皆则之。由中都宰为司空，由司空为大司寇。"②孔子在鲁国为官期间，相鲁定公"会齐侯于夹谷"，挫败齐国的阴谋，取得了外交斗争的胜利；做大司寇，杀少正卯；"与闻国政三月""鲁国大治"。最后，在集权公室的斗争中，孔子"堕三都"计划失败。因为失去了鲁国掌权贵族的支持，孔子被迫离鲁出走，这一年，孔子已经五十五岁。此后，

---

① （汉）司马迁撰，中华书局编辑部点校：《史记·卷47　孔子世家第十七》，中华书局1982年版，第1910页。

② （汉）司马迁撰，《史记·卷47　孔子世家第十七》，第1915页。

孔子师徒在外流亡十四年，辗转各国，希望得到诸侯见用，可现实却是到处碰壁。在郁郁不得志的奔波碰壁中，孔子很快就过了"耳顺"之年。六十八岁那年，孔子才被鲁国掌权者季康子允许而返回鲁国。晚年的孔子，没有再去谋求一个政治舞台上的具体职务，而是将自己身心全部沉浸于授徒讲学和整理编辑"六艺"之中，真正达到了"七十从心所欲不逾矩"的境界，给后人留下了读《易》而韦编三绝等千古佳话。

令人惊奇的是，先秦大量资料告诉我们，孔子并非如后世儒家或统治者吹嘘的为至圣至贤不会犯一点错误的人间神圣。相反，在他的身上，倒是充满了人间烟火味，像一个普通人一样。

第一，他喜欢美食，而且非常讲究，"食不厌精脍不厌细"。

第二，他很喜欢喝点小酒，还很怕管不住自己的酒量。

第三，他很注重着装与穿戴，似乎并不拒绝名牌服装的诱惑。

第四，对于异性，他也充满好奇，高唱"关关雎鸠，在河之洲。窈窕淑女，君子好逑"[1]。只是他能够很好地克制自己，认真做到了"非礼勿视，非礼勿听，非礼勿言，非礼勿动"[2]。

---

[1]　（清）阮元校刻：《十三经注疏·清嘉庆刊本·三　毛诗正义·卷第一　一之一　一·国风　周南　关雎》，中华书局 2009 年版，第 570 页。

[2]　程树德撰，程俊英、蒋见元点校：《论语集释·卷 24　颜渊上》，中华书局 1990 年版，第 821 页。

第五，他很注重身份地位，出门要有自己的专车，照样在乎名利，只要不是不义之财，他也愿意通过自己的勤奋劳动而去正当获得。

第六，他很有点小资情调，十分爱好音乐，善抚琴，能弹瑟，常常引吭高歌，曾经因为韶乐而"三月不知肉味"。

第七，孔子虽然聪慧执着，自强不息，但他将自己的人生境界也只是定格在君子人格标准的追求上面，并没有因为自己取得一点点成就即忘乎所以，飘飘然起来。

第八，他虽然旨在"修齐治平"，但除了在修身养德上有大成外，在齐家上做得几乎是一塌糊涂，虽有子女二人，但皆成就平平，老两口感情也似乎长期不和，最后孔子竟然中年而"出妻"；在治国上，从政三年，虽有小成，但因为急于改变权力格局而被迫出国流亡；手无权柄，寄人篱下，"家不齐""国不治"，又何以谈"平天下"。总之孔子的理想与现实之间距离太大，终究只能做成一个政治理想家。

第九，他学而不厌、诲人不倦，从读书育人中真正找到了自己的人生乐趣。

第十，他虽然也知道"吾从周"的理想太过宏大，太过遥远，但始终能坚持信念，自强不息，"知其不可而为之"，这种"愚公"精神，本身就是中华民族精神中极其重要的一部分。

第十一，晚年他虽然不复再"梦见周公"，但雄心仍然不减，集最后一点精力，整理与编纂诗书礼乐，作《易传》，写《春秋》，"为天地立心""为生民立命"，为抢救三代文献与典籍耗尽了他的全部心血。

种种迹象表明，孔子平凡而伟大。平凡表现在他如普通人那样正常地生活；伟大则集中在他对自己理想、目标追求的执着以及对自己修身的践履与政治的追求远远超过了我们这些凡夫俗子的想象。

二、吃冷猪头肉的孔子

自从汉武帝采纳董仲舒"罢黜百家，独尊儒术"之策，将儒学立为国家意识形态后，孔子的地位日益变得重要起来。汉平帝时，对孔子的尊崇有了新的发展。孔子和周公一起，被列入国家正式祀典，孔子也被封为"褒成宣尼公"，地位和周公相当，从此被世人抬上了神坛。东汉时期，祭祀孔子已经成为每个皇帝必须例行的政治公事。从汉明帝起，在学校祭祀孔子成为常规，从此孔子作为传统国家意识形态中的至圣先师，开始自成一个独立的祭祀系统。从曹魏开始，皇帝或者太子学通一经，就要到文庙向孔圣人报告，行释奠礼。起初由于孔子在世时官职低，祭礼由太常代行。此后祭孔的规格不断提高。到晋代，皇帝或者太子开始亲自行礼。太和十三年（公元378年），北魏在京城修建孔庙。从此，孔庙开始走出曲阜，走向全国各地。南朝梁，就在自己境内修建孔庙。北齐时代，政府规定在正常的春秋祭祀之外，每月朔日，学校师生必须向孔子行礼。到唐代，对孔子的祭祀又有了新的发展。唐初制礼，曾以孔子为先圣，以左丘明等二十二人为先师。高宗显庆年间，一度曾重以周公为先圣，而黜孔子为先师。后来，又恢复孔子的先圣地位，而将周公作为武王的配食者。这一项制度，到《开元礼》，终于被确定了下来。唐代规定，郡县都要建立孔子庙，祭祀孔子，并且由地方长官担任主祭。这样，孔子作为国家公神的地位，就进一步通过制度的方式巩固了下来。孔子的称号，隋唐以前，或是先圣，或是先师、宣尼、宣父。唐代，加封孔子为文宣王。宋代，在文宣王前加"至圣"二字；元代，又在至圣前加"大成"二字。北宋时曾有儒者建议给孔子加帝号，未获通过。明嘉靖年间，统治者认为称孔子为王，不合礼制，于是经过合议，去掉王号，保留"至圣"，称"至圣先师"。这个称号，一直被清代所沿用。这样看来，孔子虽然身前坎坷、遭际辛苦，身后倒是享受近两千五百多年"冷猪头肉"的供奉。

三、给孔子事业做一个定位

笔者以为，孔子的人生事业，主要集中在修身，教学，对从政的追求，以及对文献的搜集、整理与研究等方面。

首先，孔子是一个失意的政治理想家。

孔子一生，有着远大的政治理想与政治目标，想要达到

"天下归仁"的理想境界，实现"大同"社会的秩序梦想。他之热衷于求仕，不是为了个人"追名逐利"的目的，而是想要寻找一个可以施展才能的机会来改变当时"天下无道"的局面。他说："天下有道，则礼乐征伐自天子出；天下无道，则礼乐征伐自诸侯出。"① 这就是主张把治天下的大权还归于周天子，这是中央集权的大一统思想。但是，当时乱世的形势却没有给他施展才华的机会与舞台，他仅仅只有三四年的时间处于鲁国政治舞台比较中心的位置，在其他时间里，他最多也只是一个政治权力上的"边缘人"。尽管如此，孔子一直洋溢着"如有用我者，吾其为东周乎"满满的自信，洋溢着"天生德于予"与"文不在兹乎"的历史使命感。然而，人生理想与残酷的现实之间总是存在着一道不可逾越的鸿沟，孔子的政治追求几乎处处碰壁。各国当政者也只是将他作为装饰门面的招牌，并不想用他的方案来改革与推动社会的进步。治世的理想没能实现，对孔子而言可谓是一个凄婉的悲剧。

其次，他是一个成功的教育家。

孔子是春秋时期私人办学最为成功的第一人，"是第一个将学术民众化的人"②。

在招生范围上，孔子创办私学，实行"有教无类"。对接受教育的对象，他没有类别上的条件限制，只要受教育者愿

---

① 程树德撰：《论语集释·卷33　季氏》，第1141页。
② 朱自清著：《经典常谈》，中国工人出版社2015年版，第72页。

意真心实意地"志于学"，不论贫富、贵贱、族类、国别、老少，他都尽力做到"江海不择细流"，做到"诲人不倦"。

在教学对象上，"孔子教人，各因其材"①。孔子能够根据学生不同的禀赋、个性、特长、素质、阅历等具体情况，给他们制订相应的教学方案，施与不同的教法，有针对性地给予个性化的培养教育，以使他们都能得到全面健康的发展，成为德才兼备的、符合社会需要的有用的人才。

在教学方法上，孔子在施教过程中，很注意调动学生们的主动性、积极性，注重培养他们独立思考的习惯与能力。他提倡学思结合，循循善诱，引导弟子在自学的基础上深入思考，积极主动地思考与提出问题。在此基础上给予指点、引导，而不是采取不顾弟子具体实际情况的填鸭式的教学法。

从一定意义上讲，孔子私学不同于今天那些专门培养应试的教育机构，更不是那些以商业运转为模式的专门教育实体，它集学问探讨与修养人生为一体，将个人学习、修身与应该担当的社会责任实现了充分的结合。它立足于培养人的趣味高尚的价值观和价值判断能力，让学生对世界上纷纭复杂的事物具有作出正确判断与识别的能力，同时培养人的高贵品性和雍容大气、文质彬彬的气质，养成人的大眼光、大境界、大胸襟、大志向、大学问。这种种因素，使孔子创办的

---

① （宋）朱熹撰：《四书章句集注·论语集注卷6·先进第十一》，中华书局1983年版，第173页。

私学取得了空前的成功，以至于在当时各诸侯国间都闻名遐迩。独特的办学方式使孔子学堂的学生越聚越多，规模越来越大，教学相长也反过来成就了孔子的人品与学问的伟大。

按照司马迁的说法，孔子用《诗》《书》《礼》《乐》作教材教育弟子，就学的弟子大约有三千人，其中能精通礼、乐、射、御、书、数这六种技艺的就有七十二人。至于多方面受到孔子的教诲却没有正式入籍的弟子就更多了。要知道，春秋时期的人口总共也不过五六百万人。孔门成材弟子如此之多，难怪当时各国诸侯都对孔子敬而远之了。他们恐惧这股巨大的力量，没有信心驾驭与使用这股力量，这是他们的悲哀。孔子以一人之力培养出如此众多具有治国安邦本领的弟子。这种成功，从私人办学的历史来看，直到今天，还真是没有人能够跟他"千载谁堪伯仲间"的。

再次，他是一个学有所成的大学者。

孔子是中国文化承上启下的关键人物。

一生倡导恢复周礼并在天下奔走呼吁"克己复礼"的孔子，恰恰是春秋时期对周礼最勇猛的突破者与否定者。周礼规定"非天子，不议礼，不制度，不考文"[①]。孔子不仅到处议礼，更在中国第一个以私人名义公开进行了大规模搜集与整理古代文献的文化工作，开创了中国私人著书立说的先河。

---

① （清）阮元校刻：《礼记正义·卷第53·中庸》，第3546页。

朱自清在《经典常谈》中说："孔子是在周末官守散失时代第一个保存文献的人。"①

孔子时代，"周室微而礼乐废，《诗》《书》缺"②，王纲坠弛，礼崩乐坏。由于社会政治的动荡而导致了"天子失官，学在四夷"的文化状况，这就必然造成孔子所能访求到的文化典籍与历史文献，应该是散乱杂芜、残缺不全的。特别是夏商二代年代久远，更令孔子深深地感到"文献不足"的缺憾，所以他叹惜地说："夏礼，吾能言之，杞不足征也；殷礼，吾能言之，宋不足征也。文献不足故也。足，则吾能征之矣。"③从三十岁左右开始，孔子一边教学，一边着手搜集、整理、保存古代文献典籍的工作。晚年归鲁后，他更是将自己的主要精力集中在抢救夏、商、周三代文化工程上面。虽然像周公那样辅佐成王创建一个新天下的理想是无法实现了，虽然那个创建了周朝典章礼制的周公，再也没有来到他的梦中了，但是"郁郁乎文哉"的周文化，却还是那样令孔子心驰神往。《诗》《书》《礼》《易》《乐》《春秋》"六经"最终完全被系统整理编纂了出来。正是这项工作，奠定了孔子在中华文明史上儒家鼻祖的地位。

最后，他是一个为世人"立德"者。

---

① 朱自清著：《经典常谈》，第 60 页。
② （汉）司马迁撰：《史记·卷 47　孔子世家第十七》，第 1935 页。
③ 程树德撰：《论语集释·卷 5　八佾上》，第 160 页。

《左传·襄公二十四年》上说，人生最大之价值，在于实现"大上有立德，其次有立功，其次有立言，虽久不废，此之谓不朽"。

唐孔颖达对"三不朽"的解释是："立德，谓创制垂法，博施济众……立功，谓拯厄除难，功济于时；立言，谓言得其要，理足可传。"①

孔子"立德"，虽然谈不上是"创制垂法"，但他以自己一生的努力，为后人做了一个伟大"夫子"才能做到的万世师表：

第一，孔子主张实践道，主张言行一致，说到做到，少说多做，"讷于言而敏于行"。

第二，孔子主张加强身心道德修养，将提升自己的道德修养与保障身心健康有机地贯彻到自己的日常生活实践之中。

第三，孔子强调对人的治理的重要性，将对人的治理升格为治国理政者最重要的事业。

第四，孔子十分重视历史，重视文化建设在国家治理中的重要地位。

第五，孔子主张加强中央集权，"礼乐征伐自天子出"，主张推行大一统政治模式。

第六，孔子强调富民、使民、教民的重要性。主张先经

---

① （清）阮元校刻：《春秋左传正义·卷35·二十四年》，第 4297 页。

济后政治，对待民众，先富而后教。孔子主张为政者不仅要立信于民、藏富于民，而且还要能教民和爱民，重视对民众的教化，重视移风易俗在政治中的效果与作用。

第七，孔子主张采用"中庸"的工作方法，告诫世人"欲速则不达"与"过犹不及"，重视量变到质变的积累与突破。

第八，孔子重视社会生活中人与人之间关系的合理调节，主张以"忠恕"为标准来为人处世，"己所不欲，勿施于人"，努力做到严以律己、宽以待人。

第九，孔子将政治治理的希望寄托在领导者的"以正治国"上面，主张领导者应该以身作则，"政者，正也。子帅以正，孰敢不正"①。

第十，孔子主张在国家治理上实现共同富裕，反对贫富差距太大。"丘也闻有国有家者，不患寡而患不均，不患贫而患不安。"②

第十一，孔子主张建立一个"君君臣臣父父子子"等级严明、各行各业都有条不紊、和平、安宁、富足的社会秩序。

第十二，孔子一生自强不息，厚德载物，积极进取，愈挫愈奋，将对众生的慈悲心融化到他的修齐治平人生实践上面，知其不可而为之，在担当社会责任上面，从来没有亏欠遗憾的地方。

---

① 程树德撰：《论语集释·卷25 颜渊下》，第864页。
② 程树德撰：《论语集释·卷33 季氏》，第1137页。

第十三，孔子用他一生的心血与奋斗，为世人树立了一个有理想、有道德、有学问、有能力的君子标准。

公元前479年，病中的孔子预感到自己已经临近生命的终点，回顾自己拼搏一生的生命历程，再看看这个依然混乱的世道，他有无限的感慨和无穷的遗恨，不免发出了"天下无道，莫能宗予"的轻声叹息。他似乎是自言自语，又似乎在叩问历史："泰山就要崩塌了吗？梁柱就要摧折了吗？哲人就要像草一样枯萎了吗？"眼泪也随之落了下来。他还是那样自负，他对自己的人生定位是一位"哲人"、一位智者、一位知行合一者。他本想用自己的本领去"兼济天下""重建东周"的，可是老天爷不给他这个命。他希望自己的学说能够有益于后世。他不想成神，而更喜欢人世间的普通生活。可是，他生前身后的愿望，事实上都落了空。不过，他的仁德的灵魂以及兼济天下、不屈不挠的精神，已经成为中华文明史上一座巍峨的丰碑、一根不朽的栋梁、一块常绿的草地。在夏、商、周那样的一个崇神世界中，他发现了人格美以及社会制度的美，从而把人的个体心理欲求同社会的伦理道德有机地统一了起来。正像老聃把人还给自然一样，孔子把人还给了社会。他对我们人类的最大贡献，就是提出了"仁"的思想，主张人与人之间应该用仁爱之心建立起一种和谐发展的平衡共生关系。至于这种理念实践的途径，在他看来，就是领导者应该以正治国，以德立身，以"中庸"为思维，用"礼"来安国，积极建立起一个具有良好的道德与法制环境相统一的有秩序的社会。

第一章 孔子的治理之学

孔子之学，实为一门治理国家之学问。夏曾佑说："中国之圣经，谓之六艺，一曰《诗》，二曰《书》，三曰《礼》，四曰《乐》，五曰《易象》，六曰《春秋》。其本质皆出于古之圣王，而孔子删定之，笔削去取，皆有深义。自古至今，绎之而不尽，经学家聚讼焉。"周代贵族必须掌握的礼、乐、射、御、书、数六种治理国家的技艺，可以称之为小"六艺"；而统治者与贵族必须掌握的《诗》《书》《礼》《乐》《易》《春秋》六种典籍，则是更高层面上的治国理政的学问，可以称之为大"六艺"，二者一起成为孔子教授弟子的修齐治平之学，共同构成了孔子治理国家学说的参天大树。

一、治理之学之一：小"六艺"

匡亚明在《孔子评传》一书中认为："'六艺'古有两种涵义，一是指贵族必须学的初级的礼、乐、射、御、书、数等六种技艺，一是指贵族必须学的高级的《诗》《书》《礼》《乐》《易》《春秋》等六种典籍。"① 如此而言，所谓小"六艺"，是相对于大"六艺"而言的，一般是指周代贵族必须掌握的礼、乐、射、御、书、数六种治理国家的技艺；而《诗》《书》《礼》《乐》《易》《春秋》六种典籍则是指周代贵族必须学习的高级治理国家的知识。它们都属于孔学中的治理学说范畴，孔子都把它们作为教学内容。本节只谈初级六艺——礼、乐、射、御、书、数部分。

《大戴礼记·保傅》说："古者年八岁而出就外舍，学小艺焉，履小节焉。束发而就大学，学大艺焉，履大节焉。"② 所谓"小艺""小节"，大概就是指初级六艺。南宋朱熹也说："三代之隆，其法寖备，然后王宫、国都以及闾巷，莫不有学。人生八岁，则自王公以下，至于庶人之子弟，皆入小学，而教之以洒扫、应对、进退之节，礼、乐、射、御、书、数之文；及其十有五年，则自天子之元子、众子，以至公、卿、大夫、元

---

① 匡亚明著：《孔子评传》，齐鲁书社1985年版，第325—326页。
② 方向东著：《大戴礼记汇校集解·卷3　保傅第四十八》，中华书局2008年版，第377页。

士之适子，与凡民之俊秀，皆入大学，而教之以穷理、正心、修己、治人之道。此又学校之教、大小之节所以分也。"① 看来，朱熹是明确地将"礼、乐、射、御、书、数"归入小学的教学内容，可见也是把它们作为"小节"课程来看待的。

《论语》有一章记载了孔子的两个学生谈论为学次序的问题：

> 子游曰："子夏之门人小子，当洒扫应对进退则可矣，抑末也。本之则无，如之何？"子夏闻之曰："噫，言游过矣！君子之道，孰先传焉，孰后倦焉，譬诸草木，区以别矣。君子之道，焉可诬也？有始有卒者，其惟圣人乎？"②

子游说："子夏的学生，做些洒水扫地和迎送客人的事情是可以的，但这些不过是末节小事，根本的礼、乐大道却没有学到，这怎么行呢？"子夏听了说："唉，子游这话就错了。君子之道，哪些先讲，哪些后讲，这就像草木一样都是分类区别的，怎么可以随意歪曲、欺骗学生呢？能循序渐进而且有始有终地教育学生，大概只有圣人才能做到吧！"这个史料说明，孔门教学生，有关于洒扫应对进退之节等"末节"方面的，也有关于根本道理方面的。初级六艺显然应属前一类。下面分而述之：

---

① （宋）朱熹撰：《四书章句集注·大学章句序》，第 1 页。
② 程树德撰：《论语集释·卷 38 子张》，第 1318—1320 页。

第一，礼、乐方面。

在周代，礼乐制度配合等级制度与宗法制度，十分详细、烦琐、驳杂。尤其是礼的规定，更是不同阶层的人须臾所离不开，详情可见《周礼》《仪礼》《礼记》等书。《论语》中讲礼、乐的地方很多，如"兴于《诗》，立于礼，成于乐。"①"事不成则礼乐不兴，礼乐不兴则刑罚不中"②等等，但关于礼乐的具体仪式、节次、演习、演奏等则记载较少，只是在《乡党》《八佾》等篇中可以见到相关集中的一些表述。实际上，"礼"也是孔子教授学生的一项十分重要的内容，这方面孔子显然十分重视。在《论语》中，随处可以见到孔子与其弟子讨论"礼"的情节，孔子告诫学生的重点应集中在把握礼的具体内容与践行方式上面，而不能光熟悉礼乐的外在形式，这从他说的"礼云礼云，玉帛云乎哉？乐云乐云，钟鼓云乎哉"③的意思中就可以看得清清楚楚。

"乐"除了具有维护等级秩序的政治意义外，还应包括乐曲的歌唱和乐器的演奏等有关音乐艺术的内容。这方面，孔子可以说很是擅长。"子与人歌而善，必使反之，而后和之。"④"子于是日哭，则不歌。"⑤于此可见，孔子平日是

---

① 程树德撰：《论语集释·卷15　泰伯上》，第529—530页。
② 程树德撰：《论语集释·卷26　子路上》，第892页。
③ 程树德撰：《论语集释·卷35　阳货下》，第1216页。
④ 程树德撰：《论语集释·卷14　述而下》，第498页。
⑤ 程树德撰：《论语集释·卷13　述而上》，第449页。

经常唱歌的，除了友人丧日外，他每天都放歌。"子在齐闻《韶》，三月不知肉味，曰：'不图为乐之至于斯也。'"① 没有对音乐的深厚修养，其欣赏水平是不可能达到如此高的程度的。孔子还是弹奏琴瑟的高手，能自如地用琴瑟表达自己的感情，这不仅在《论语·阳货》《论语·先进》等篇中可以看到，而且在《孔子家语》《史记·孔子世家》《荀子·乐记》《礼记·乐记》以及司马迁等人的《乐记》中都可以看到。在《论语·八佾》中载有孔子和鲁国太师谈论音乐的一段对话，孔子说：

> 子语鲁大师乐，曰："乐其可知也。始作，翕如也；从之，纯如也，皦如也，绎如也，以成。"②

孔子是这样谈论琴曲演奏规律的："奏乐的道理是可以知道的：开始演奏，各种乐器合奏，声音繁美；继续展开下去，悠扬悦耳，音节分明，连续不断，最后完成。"

由这些资料可知，孔子是一位造诣很深的大音乐家，在孔子的教学计划中，音乐是一门必修的课程，孔子是将乐曲的歌唱和乐器的演奏教授学生们的。

第二，射、御方面。

《礼记·射义》中说：

---

① 程树德撰：《论语集释·卷13　述而上》，第456页。
② 程树德撰：《论语集释·卷6　八佾下》，第216页。

> 古者诸侯之射也，必先行燕礼；卿、大夫、士之射也，必先行乡饮酒礼。故燕礼者，所以明君臣之义也；乡饮酒之礼者，所以明长幼之序也。
>
> 故射者，进退周还必中礼，内志正，外体直，然后持弓矢审固；持弓矢审固，然后可以言中。此可以观德行矣。①

古时候诸侯举行射礼，必先举行燕礼；卿、大夫、士举行射礼，必先举行乡饮酒礼。因此燕礼，是用来明确君臣间的道义的；乡饮酒礼，是用来明确长幼次序的。

因此射箭的人，进退旋转必须符合礼，内心端正，外体正直，然后持弓矢稳固而瞄准无差；持弓矢稳固而瞄准无差，然后才谈得上射中。由此可见，通过射礼可以观察出一个人的德行。

射是射箭，御是驾车。这两项都是士以上的人必须掌握的专业技术。箭是古代战争中的主要武器之一；社交中也要射箭比赛。《仪礼》中就有《乡射礼》《大射》等篇。古代大夫以上的人出门要乘车，战争也以车战为主，因此，驾车技术必须讲究。《论语》中虽不见有孔子详细论述射、御方面的内容，但相关记述还是留有一些。如在《论语·八佾》篇中，孔子就说："君子无所争。必也射乎！揖让而升（登堂），下而饮，其争也君子。"②又说："射不主皮。为力不同科，古之

---

① （清）阮元校刻：《礼记正义·卷第62·射义第四十六》，第3662页。
② 程树德撰：《论语集释·卷6　八佾上》，第153页。

道也。"①这里的"无所争"显然是指争的不是个人的权利地位，而是指"争"的是射箭时的比赛。周代射箭之礼，射后要计算中靶的多少，中靶少的被罚饮酒，这就要争取更多地射中，便是有所争了。但孔子强调这种争要合于礼仪，而且强调要严格要求自己。至于"射不主皮"表面上意思是说比箭不一定要穿透箭靶，因为人的力气大小不同，这是古时的规矩，实际上是提醒人们在射箭比赛时要注意礼节，友谊第一，比赛第二，不要因为意气之争而伤了和气。《礼记·中庸》引孔子的话说："射有似乎君子。失诸正鹄，反求诸其身。"②《礼记·射义》也说："射者，仁之道也。射求正诸己。己正而后发。发而不中，则不怨胜己者，反求诸己而已矣。"③这些言语的精神与《论语》中孔子的说法是一致的，都是强调射礼中的礼让精神和严格要求自己的精神。在《论语》中，孔子甚至开玩笑还提到自己如果一定要出名，那就在射箭或驾车比赛上得到名声。据《论语·子罕篇》中记载：有位达巷党人称赞孔子："大哉孔子！博学而无所成名。"孔子听到后对学生说："吾何执？执御乎？执射乎？吾执御矣。"钱穆对这段话解释是："孔子闻党人之称美，自谦我将何执？射与御，皆属一艺，而御较卑。古人常为尊长御车，其职若为人下。

---

① 程树德撰：《论语集释·卷6　八佾下》，第187页。
② （清）阮元校刻：《礼记正义·卷第52·中庸第三十一》，第3532页。
③ （清）阮元校刻：《礼记正义·卷第62·射义第四十六》，第3668页。

又以较射择士，擅射则为人上。故孔子谦言若我能专执一艺而成名，则宜于执御也。"① 这些虽然谈的都不是讲射、御技艺本身，但表明孔子确实有以射御之道教授学生的事情。实际上，对于射礼一事，孔子还是看得很重的。据《礼记·射义》中记载，孔子说："射者何以射？何以听？循声而发，发而不失正鹄者，其唯贤者乎。若夫不肖之人，则彼将安能以中？"② 孔子认为："射箭的人怎么射中？怎么听音乐的节奏？按照音乐的节奏发射，发而能射中靶心的，大概只有贤者吧。如果是无德无才的人，那他怎能射中？"由此可见，孔子不但重视射礼，而且还将它与人的德行放在一起来考察。这正是孔子强调做一个"躬行君子"的细节所在。

第三，书、数方面。

书是写字，数是计算。古时是用毛笔蘸墨（或漆）把字写在竹简木片上。《论语》上有"子张书诸绅"的话，是写在大带上。但写字教学则《论语》中不见记载。作为计算意思的"数"也不见于《论语》，但是"治其赋""历数"等与数学有密切关系的事却屡屡提及，由此可以推知，孔子肯定是将"书、数"作为教学内容的，但其详情已不可得而知。③

从上面的分析可知，礼、乐、射、御、书、数是早于孔子

---

① 钱穆著：《论语新解》，生活·读书·新知三联书店 2017 年版，第 201 页。
② （清）阮元校刻：《礼记正义·卷第 62·射义第四十六》，第 3668 页。
③ 参见商聚德著：《孔子的智慧》，河北人民出版社 1997 年版，第 148—150 页。

办学就已经具有的社会需要的知识。既然是社会需要，孔子在教学中自然就会加以重视，这就相当于今天法律、经济、计算机编程等热门课程一样，偏重于技艺性、实践操作性，孔子用这些专业性强的课程为社会培养专门人才的同时，他也将思想性贯注于这些课程的演习、训练、运用等实践活动中，同时开设《诗》《书》《礼》《易》《乐》《春秋》大"六艺"，以注重培养具有高深思想、具有政治理想的通才。

二、治理之学之二：大"六艺"

所谓大"六艺"，就是指《诗》《书》《礼》《易》《乐》《春秋》六门文化之学也。

《诗》，可谓是孔学中的文化学、外交学；《书》，可谓是孔学中的政治学、统治学；《礼》，可谓是孔学中的秩序学、生活学；《易》，可谓是孔学中的智慧学、思辨学；《乐》，可谓是孔学中的音乐学、治理学；《春秋》，可谓是孔学中的历史学、政治学。"六艺"属于中国早期典籍性和理论性相结合的文化资源，是集上古三代治理文化精华之大成，经过孔子的选择、整理、修订、编纂，加工，最终成为儒家学派的最核心的学说体系。

"六艺"即六经，六经之名是后起的。章学诚《文史通义·经解上》说："六经不言经，三传不言传，犹人各有我而不容我其我也。依经而有传，对人而有我，是经传人我之名，起于势之不得已，而非其质本尔也。"①这个说法是比较接近于事实的。《文心雕龙·史传》说："传者转也，转受经旨以授于后。"②就是最好的证明。

六艺之名，始见于《周礼》。《周礼·地官·大司徒》说："以乡三物教万民而宾兴之。一曰六德：知、仁、圣、义、忠、和；二曰六行：孝、友、睦、姻、任、恤；三曰六艺：礼、乐、射、御、书、数。"③这个六艺在当时实际上是六种教学科目。孔子的六艺也是教学科目，不过，由于时代不同，已把礼、乐、射、御、书、数改为《诗》《书》《礼》《易》《乐》《春秋》了。《史记·滑稽列传》篇首引孔子的话说："六艺于治一也。《礼》以节人，《乐》以发和，《书》以道事，《诗》以达意，《易》以神化，《春秋》以道义。"④《庄子·天下》说："《诗》以道志，《书》以道事，《礼》以道行，《乐》以道和，《易》以道阴阳，《春秋》以道名分。"⑤如此看来，六艺是为当时的政治服务的，而每一艺又各有特点。《荀子·劝学》说：

①　（清）章学诚著，叶瑛校注：《文史通义校注·卷 1·内篇一·经解上》，中华书局 1985 年版，第 93 页。

②　（南朝梁）刘勰著，陆侃如、牟世金译注：《文心雕龙译注·译注·一六·史传》，齐鲁书社 2009 年版，第 246 页。

③　（清）阮元校刻：《周礼注疏·卷第 10·大司徒》，第 1523 页。

④　（汉）司马迁撰：《史记·卷 126·滑稽列传第六十六》，第 3197 页。

⑤　（清）郭庆藩撰：王孝鱼点校《庄子集释·卷 10 下　天下第三十三》，中华书局 2012 年版，第 1067 页。

"《礼》《乐》法而不说,《诗》《书》故而不切,《春秋》约而不速。"①《春秋繁露·玉杯》说:"《诗》《书》序其志,《礼》《乐》纯其养,《易》《春秋》明其知。"②《史记·司马相如列传》说:"《春秋》推见至隐,《易》本隐之以显。"③这又说明,先秦和汉初一些学者都认为在六经中,《诗》与《书》、《礼》与《乐》、《易》与《春秋》性质相近而又各有特点。

应该说,我们今天所见到的《诗》《书》《礼》《易》《春秋》"五经",虽然不是全由孔子所作,但实际上都经过了孔子程度不同的整理与删减,尽管已不是当时的原貌,但在很大程度上还是保留了孔子修订、编纂、增减的痕迹,其内容都应是研究孔子治理之学的重要史料。周予同说:"孔子既然设教讲学,学生又那么多,很难想象他没有教本。毫无疑问,对于第一所私立学校来说,现成的教本是没有的。《论语》记载孔子十分留心三代典章,指导学生学习《诗》《书》及礼乐制度,因此,我以为,孔子为了教授的需要,搜集鲁、周、宋、杞等故国文献,重加整理编次,形成《易》《书》《诗》《礼》《乐》《春秋》六种教本,这种说法是可信的。"④

---

① (清)王先谦撰:《庄子集释·卷第1　劝学篇第一》,中华书局1988年版,第14页。

② (汉)董仲舒撰,朱方舟整理,朱维铮审阅:《春秋繁露·卷1　玉杯第二》,上海书店出版社2012年版,第122页。

③ (汉)司马迁撰:《史记·卷117·司马相如列传第五十七》,第3073页。

④ 周予同著:《周予同经学史论著选集》,上海人民出版社1983年版,第801页。

第一，我们先来说说《诗》。

《诗》在孔子之前就早已经存在，据《左传·襄公二十九年》记载，吴季札在鲁国观周乐，各章内容已与今天流行本的《诗》相似，那时孔子才八岁；《论语·为政》曾记孔子之语，说"《诗》三百"；《论语·子路》篇中又说："《诗》三百"。于此可见，"《诗》三百"之说，孔子以前就已经有了。

《诗》的内容意义，主要有"六义"等说。子夏《诗序》中，对于"诗"的意义，说得最是简明扼要！其言曰："诗者，志之所之也。在心为志，发言为诗。情动于中，而形于言；言之不足，故嗟叹之；嗟叹之不足，故咏歌之：咏歌之不足，不知手之舞之、足之蹈之也。情发于声，声成文，谓之音。治世之音，安以乐，其政和；乱世之音，怨以怒，其政乖；亡国之音，哀以思，其民困。故正得失，动天地，感鬼神，莫近于诗。"① 《毛诗序》说："故《诗》有六义焉：一曰风；二曰赋；三曰比；四曰兴；五曰雅；六曰颂。"② 《周礼·春官·大师》说："教六诗：曰风；曰赋；曰比；曰兴；曰雅；曰颂。"郑玄于"六诗"下注说："风，言圣贤治道之遗化也；赋之言铺，直铺陈今之政教善恶；比，见今之失，不敢斥言，取比类以言之；兴，见今之美，嫌于媚谀，取善事以喻劝之；雅，正

---

① （清）阮元校刻：《毛诗正义·卷第 1　一之一　一·国风　周南　关雎》，第 563—564 页。

② （清）阮元校刻：《毛诗正义·卷第 1　一之一　一·国风　周南　关雎》，第 565 页。

也，言今之正者，以为后世法；颂之言诵也，容也，诵今之德，广以美之。郑司农云：'曰比曰兴，比者，比方于物也，兴者，托事于物。'"孔颖达在《毛诗》疏中说："风雅颂者，诗篇之异体，赋比兴者，诗文之异辞耳。大小不同而得为六义者，赋比兴是诗之所用，风雅颂是诗之成形，用彼三事，成此三事，是故同称之义，非别有篇卷也。"①

至于孔子与《诗》之间的关系，《史记·儒林列传》说："孔子闵王路废而邪道兴，于是论次《诗》《书》，修起礼乐。"②什么是论次？论是讨论去取，次是编排篇目。孔子究竟是怎样论次《诗》的，《史记·孔子世家》说得很具体。司马迁说："古者《诗》三千余篇，及至孔子，去其重，取可施于礼义，上采契后稷，中述殷周之盛，至幽厉之缺，始于衽席，故曰'《关雎》之乱以为《风》始，《鹿鸣》为《小雅》始，《文王》为《大雅》始，《清庙》为《颂》始'。三百五篇孔子皆弦歌之，以求合《韶》《武》《雅》《颂》之音。礼乐自此可得而述，以备王道，成六艺。"③从司马迁的这段话看，孔子论次诗，首先做的是选定三百五篇诗的断代起迄和编定《风》《雅》《颂》三部分，并且为了避免简编错乱而明确规定了《风》《小雅》《大雅》《颂》的首篇各是什么。此即所谓诗的"四始"。这是读《诗》须先

---

① （清）阮元校刻：《周礼注疏·卷第 23·大师》，第 1719 页。
② （汉）司马迁撰：《史记·卷 121·儒林列传第六十一》，第 3115 页。
③ （汉）司马迁撰：《史记·卷 47·孔子世家第十七》，第 1936—1937 页。

知道的。除了前面所说的"六义""四始"外，"二南""正变"诸问题，也都蕴含着孔子的用心，值得大家了解一些。

关于《诗》中"二南"之意，金景芳在《孔子新传》中颇具意味，他是这样说的：

"《二南》到底应当怎么理解呢？我认为'二南'之南，既不应理解为方位词南北之南，也不应理解为'南夷之乐'之南。而应理解为《国语·周语中》'郑伯，南也'之南，这个南字古通任。郑伯之所以称南，由于其先武公庄公曾为平王卿士。卿士之职最尊，略同于周初周公召公之职，故下文说：'王而卑之，是不尊贵也。'《公羊传·隐公五年》说：'自陕而东者，周公主之，自陕而西者，召公主之。'《毛诗·周南》尾题为'周南之国十一篇三十六章百五十九句'。《毛诗·召南》尾题为'召南之国十四篇四十章百七十七句'。'周南之国'是简语，实际就是自陕而东，周公所任之国。'召南之国'也是简语，实际就是自陕而西，召公所任之国。《资治通鉴·魏纪四》说：'三监之衅，臣自当之，二南之辅，求必不远。'《晋书·王导传》说：'虽有殷之殒保衡，有周之丧二南，曷谕兹怀。'《文选》潘岳《西征赋》说：'美哉邈乎！兹土之旧也。固乃周邵之所分，二南之所交。'《史记·太史公自序》中说'太史公留滞周南'。《索隐》引张晏说：'自陕以东皆周南之地也。一得此四证，则《周南》为周公所南之国，其地即所谓"自陕而东，周公主之'。《召南》为召公所南之国，其地即所谓"自陕而西，召公主之"已毫无疑义。由此可以看出，孔子为什么特别重视'二南'？是因为'二南'之诗是作为正风，由周召二公所南之国选出来的。'二南'之诗与其它十三国之诗的关系是正风与变风的关系。正变是编诗之义，不应理解为作诗之义"。[1]

笔者完全赞同金景芳先生的说法。

至于《诗》的"正变"，金景芳先生也有自己的观点。他说：

"旧说'二南'为正风。其余十三国诗自《柏舟》至《狼跋》为变风。《小雅》自《鹿鸣》至《菁菁者莪》二十二篇为'正小雅'。自《六月》至《何草不黄》五十八篇为"变小雅"。《大雅》自《文王》至《卷阿》十八篇为'正大雅'。自《民劳》至《召旻》二十三篇为'变大雅'"。"我们认为正变是编诗之义，不是作诗之义。"[2]孔子对"诗三百"的编辑是有自己深刻意图的。孔子曾说过："吾自卫反鲁，然后乐正，《雅》、《颂》各得其所。"[3]

孔子重视诗教。他曾两次督促儿子伯鱼学诗：

尝独立，鲤趋而过庭。曰："学诗乎？"对曰："未也。""不学诗，无以言。"鲤退而学诗。[4]

① 参见金景芳、吕绍纲、吕文郁著：《孔子新传》，湖南出版社1991年版，第166—167页。

② 参见金景芳、吕绍纲、吕文郁著：《孔子新传》，第167页。

③ 程树德撰：《论语集释·卷18 子罕下》，第606页。

④ 程树德撰：《论语集释·卷33 季氏》，第1168页。

> 子谓伯鱼曰："女为《周南》、《召南》矣乎？人而不为
> 《周南》、《召南》，其犹正墙面而立也与！"①

孔子对其子孔鲤的这番教导，自然足以表明他对诗教的重视程度了。

孔子对学诗的意义曾做过如下论述：

> 小子何莫学夫诗？诗可以兴，可以观，可以群，可以怨。迩之事父，远之事君，多识于鸟兽草木之名。②

"兴、观、群、怨"可谓是孔子对《诗》的意义的全面概括。

"兴"，古注解为"引譬连类"，即打比方，进行联想。朱熹注为"感发志意"，即获得启发和感染，借诗以言志抒情。这是讲诗的感染和陶冶作用。

"观"，古注解为"观风俗之盛衰"。朱注为"考见得失"。这是讲诗的认识作用。

"群"，古注为"群居相切磋"。朱注为"和而不流"。就是说，诗可以教人互相砥砺，增强群体意识。这是讲诗具有合群作用、团结作用。

"怨"，古注为"怨刺上政"。朱注为"怨而不怒"。就

---

① 程树德撰：《论语集释·卷 35　阳货下》，第 1213 页。
② 程树德撰：《论语集释·卷 35　阳货下》，第 1212 页。

是说，诗可以批评讽喻时政，或陈述怀抱，发泄苦闷怨恨等情绪。但这种讽喻或发泄要有一定限度，它不是攻击性的，而是建设性的，是为了促其改善、改良，而不是打倒。

"迩之事父，远之事君"，朱注说："人伦之道，诗无不备，二者举重而言。"就是说，举出事父、事君这两项最重要的人伦之道，借以说明，诗具有明人伦以规范人们行为的作用。这是讲诗的伦理道德作用和政治作用。

"多识于鸟兽草木之名"，朱注为"其绪余又足以资多识"。这是说，除上述各项外，诗还具有常识教科书的作用，读诗可以增广百科知识。①

总之，诗是孔子开设的重要文化课之一，他对诗在个人品德修养和社会交际上的重要作用是很看重的。

孔子对诗的整理，具体说来，做了如下两项工作

（1）删汰了重复的篇章，这就是司马迁所说的"去其重，取可施于礼义"②；东汉王充也说"《诗经》旧时亦数千篇，孔子删去复重，正而存三百篇"。③

（2）按乐曲的正确音调，进行篇章上的调整，《雅》归于《雅》，《颂》归于《颂》，使不紊乱而各得其所。由此可

---

① 参见商聚德著：《孔子的智慧》，第 152—153 页。

② （汉）司马迁撰：《史记·卷 47　孔子世家第十七》，第 1936 页。

③ （汉）王充著，黄晖撰：《论衡校释·卷第 28·正说篇》，中华书局 1990 年版，第 1129 页。

以认为，《诗》虽然不是孔子之作，但它确是经过孔子整理才成为今天这个样子的文化产品。①

第二，我们再来看《书》。

《书》本是《尚书》原名。《经史子集概要》中说：《尚书》的命名，是说"人的尊书"。《尚书》的内容，述"二帝""三王"的政治，论"二帝""三王"之大道。"精一执中"，是尧、舜、夏禹相授的心法；"建中建极"，是商汤、周武相传的心法。言天，则严其心之所自出；言民，则严其心之所由施。其他一切礼乐、教化、典章、文物，无不具备于其中，所以后世"尊而重之"，定它的名曰"尚书"。"尚"之为字，盖含有"尊重"之意的。②

《尚书》为我国有史以来最古的文字，也为一部世界最上古之历史，可惜这部书，自经秦始皇焚书之后，很多亡失。对于这部书，怎样击赏都不为过，所有"六经"的"大道"，竟莫不具备于是！试观全书之中，它对于"明德"和"新民"的总纲，"修身""齐家""治国""平天下"的条目，即《尧典》一篇之内，已尽其大要。而《大禹谟》中，有曰："人心惟危，道心惟微；惟精惟一，允执厥中！"③这四句话，是开后世"知

---

①　参见匡亚明著：《孔子评传》，第338页。

②　参见顾荩臣著，金歌校点：《经史子集概要》，上海科学技术文献出版社2016年版，第22页。

③　（清）阮元校刻：《尚书正义·卷第4·大禹谟》，第285页。

行"之端。《尚书·商书·咸有一德》中，有曰："德无常师，主善为师；善无常主，协于克一！"①这四句话，实示后世"博约"之义。至论"务学"，则有《说命》一篇，为其"入道"之门；论"为治"，则有《洪范》一篇，为其"经世"之要。其他：如"齐天运"，则有羲和的"历数"；"定地理"，则有《禹贡》的"敷土"；"正官僚"，则有《周官》的"制度"；"修身""任人"的"方法"，则有《无逸》《立政》等诸篇，"指陈其义"。由是知《尚书》这一部书，可以算它是能尽"六经"的"大道"了！

《尚书》，不仅能尽"六经"的"大道"；便是论"六经"的"文字"，也莫古于《尚书》。《易经》虽说创始于伏羲之时，然只"有卦"而"没有辞"；"辞"之作，是始于周时的文王。至论"六经"的"体制"，也莫不备于《尚书》。"五经"特各主其一事而作的罢了。如《周易》主"卜筮"，便是《洪范》中的"稽疑"；《礼经》主"节文"，便是《虞书》中的"五礼"；《诗经》主"咏歌"，便是《益稷》中的"乐教"；《周礼》的"设官"，便是《周官》中"六官率属"之事；《春秋》的"褒贬"，便是《皋陶谟》中"命德讨罪"之权。总之，"五经"是各主帝王"政事"的"一端"，而《尚书》则备纪帝王一切"政治"的"全体"。所以刘氏彦和，在他《文心雕龙·书记

① （清）阮元校刻：《尚书正义·卷第8·咸有一德》，第351页。

篇》中说："圣贤言辞，总为之书。"真是不错的！

至论《尚书》之文法者，则有汉世的扬雄，其言曰："《虞》《夏》之书，浑浑尔；《商书》，灏灏尔；《周书》，噩噩尔；下周者，其书谯乎？"① 是知《尚书》的"文法"，也足为千古的"楷式"。然《尚书》并不是一代之言，故它的"文字"，往往各随其时代，而不一其体；它的大概情形，总是"简质渊悫"，而不可强通的。自《立政》以上许多篇中，不是伊尹、傅说、周公的"言辞"，便是仲虺、祖乙、箕子、召公的"陈说"；至其君臣间相与往来告诫论说的，则尧、舜、禹、汤、文、武等帝王是；所以"其文峻"而"其旨远"。自《立政》以下诸篇，其君，则成王、康王、穆王、平王；其臣，则伯禽、君牙、君陈，下至于秦时的穆公；其文辞，则一时"太史"之所为，所以它的文章，也"平易明白"，意不过其所言。这就是说，《尚书》因时代的不同，而其文也便差异了！

《尚书》文章的"概状"，既已详述如前；今更请述它的"特点"。《尚书》的"特点"，有所谓"四始""四要""七观"等说，条列于下：

（1）什么叫作"四始"？所谓"四始"者，例如：《商书·仲虺之诰》这一篇，是说"仁之始"的；《商书·汤诰》这一篇，是说"性之始"的；《太甲》上中下三篇，是说"诚之始"的；

---

① （汉）杨雄撰，汪荣宝注疏，陈仲夫点校：《法言义疏·七　问神卷第五》，中华书局1987年版，第155页。

《说命》上中下三篇，是说"学之始"的；这便谓之"四始"。

（2）什么叫作"四要"？所谓"四要"者，据韩子有言："记事者，必提其要，若'天文''地理''图书''律吕'四者，皆《书》之要也。"这便谓之"四要"。

（3）什么叫作"七观"？所谓"七观"者，如子夏问《书》大义，孔子说："吾于《帝典》，见尧、舜之圣焉！于《大禹谟》《皋陶谟》，见禹、稷、皋陶之忠勤功勋焉！于《洛诰》，见周公之德焉！故《帝典》，可以观'美'；《大禹谟》《禹贡》，可以观'事'；《皋陶谟》《益稷》，可以观'政'；《洪范》，可以观'度'；《泰誓》，可以观'义'；《五诰》，可以观'仁'；《吕刑》，可以观'诚'。通斯七者，《书》之大义举矣！①"这便谓之"七观"。

以上所举《尚书》的"三特点"，足见这部书的内容，不但是具备后世文章的一切"体式"，抑且为吾人"立身""行事"的"宝笈"。古人所谓"文以载道"之说，吾于《尚书》而益信！②

关于《书》与孔子之关系，司马迁说："孔子之时，周室微而礼乐废，《诗》《书》缺。追迹三代之礼，序《书传》，上纪唐虞之际，下至秦穆，编次其事。曰：'夏礼吾能言之，

①（清）马骕著，王利器整理：《绎史·卷95·春秋第六十五·孔子诸子言行·孔子诸子言行三》，中华书局 2002 年版第 2417—2418 页。

② 顾荩臣著，金歌校点：《经史子集概要》，第 27—29 页。

杞不足征也。殷礼吾能言之，宋不足征也。足，则吾能征之矣。'观殷夏所损益，曰：'后虽百世可知也，以一文一质。周监二代，郁郁乎文哉。吾从周。'故《书》传、《礼》记自孔氏。"[1]班固也说："《书》之所起远矣，至孔子纂焉。上断于尧，下讫于秦，凡百篇而为之序。"[2]

至于孔子对《书》的论次，司马迁也有自己的观点。他说："学者多称五帝，尚矣。然《尚书》独载尧以来，而百家言黄帝，其文不雅驯，荐绅先生难言之。孔子所传宰予问《五帝德》及《帝系姓》，儒者或不传……《书》缺有间矣，其轶乃时时见于他说。非好学深思，心知其意，固难为浅见寡闻道也。"[3]看来孔子对《书》做了两件事，一是断限，二是选材。尧以前的东西，证据不足，故不取。自《尧典》以下所选各篇都有重要意义。《尚书大传》载有孔子"七观"之说，曰"六誓可以观义，五诰可以观仁，《甫刑》可以观诫，《洪范》可以观度，《禹贡》可以观事，《皋陶谟》可以观治，《尧典》可以观美"。此"七观"之说虽不必出自孔子，然而孔子将这些篇选入《尚书》，含有他的一定的用意，则是无疑的。[4]

事实上，孔子十分热衷于政治，特别重视对古代文献的

---

①　（汉）司马迁撰《史记·卷47·孔子世家第十七》，第1935—1936。

②　（汉）班固撰，（唐）颜师古注，中华书局编辑部点校：《汉书·卷30　艺文志第十》，中华书局1962年版，第1706页。

③　（汉）司马迁撰《史记·卷1·五帝本纪第一》，第46页。

④　金景芳、吕绍纲、吕文郁著：《孔子新传》，第218页。

搜集整理，他自己就说过"好古敏以求之"的话，尧、舜、禹、夏、商、周以来的政治文献，他都锐意搜求，细心整理编纂，用之以教授学生。《论语》等资料的记载表明，孔子对《书》的内容是相当熟悉的。例如，《论语·为政篇》中云：

> 或谓孔子曰："子奚不为政？"子曰："《书》云：'孝乎惟孝，友于兄弟，施于有政。'是亦为政，奚其为为政？"①

有人问孔子："你为什么不做官参政呢？"孔子回答说："《尚书》上说：'孝就是孝顺父母、友爱兄弟。'我把这种风气影响到政治上去，也就等于是参政了，不一定只有当官才算是参政嘛！"

再例如，在《论语·宪问篇》中，孔子还和学生子张讨论过《尚书·无逸篇》中的关于守孝三年的事情。《论语·宪问篇》云：

> 子张曰："《书》云，'高宗谅阴，三年不言。'何谓也？"子曰："何必高宗，古之人皆然。君薨，百官总己以听于冢宰三年。"②

子张说："《尚书》上说，'殷高宗守丧，三年不谈政事。'这是什么意思？"孔子说："不仅是高宗，古人都是这样。国

---

① 程树德撰：《论语集释·卷4　为政下》，第121页。
② 程树德撰：《论语集释·卷30　宪问下》，第1036—1038页。

君死了，继位者三年不问政事，文武百官各理自己的职事而听命于宰相。"

这些都表明，孔子对《书》是很重视的。

第三，我们来看《礼》。

"礼"最初所指应为远古人们的祭祀活动，是原始社会人们在长期日常生活中形成的一些风俗习惯，是人类相互交往用以表达思想感情的一种形式。

在华夏远古人们的祭祀活动中，仪式的过程、人神间的交通、人与人之间的言行，以及通过祭祀者而体现出来的、昭示于民的普遍行为规范与族群生活准则，便成为"礼"最原始、最基本的内涵。

至殷商时代，"礼"逐渐成为以日常祭祀仪式为主的社会各阶层政治与生活中的一部分。周人灭殷后，继承了一部分殷礼，结合本族原有的风俗习惯，加以糅合改造，最终形成周礼，并成为维护宗法等级制的所谓"礼治"。西周初年，"礼"的内容随社会发展不断丰富，其内涵也逐渐由最初以祭神为主扩展到对人的礼节要求。经过周初统治者对殷商之礼的整理改造，"礼"被作为治国根本大法确定了下来，内容也呈现出系统化、繁缛化特征，渗透到社会生活的方方面面。此正如《礼记·曲礼上》所言：

　　道德仁义，非礼不成；教训正俗，非礼不备；分争辨讼，非礼不决；君臣、上下、父子、兄弟，非礼不定；宦学事师，非礼不亲；班朝治军，莅官行法，非礼威严不行；祷祠祭祀，供给鬼神，非礼不诚不庄。是以君子恭敬、撙节、退让以明礼。鹦鹉能言，不离飞鸟；猩猩能言，不离禽兽。今人而无礼，虽能言，不亦禽兽之心乎？夫唯禽兽无礼，故父子聚麀。是故圣人作，为礼以教人，使人以有礼，知自别于禽兽。

该篇又云：

太上贵德，其次务施报。礼尚往来：往而不来，非礼也；来而不往，亦非礼也。人有礼则安，无礼则危，故曰"礼者，不可不学也"。夫礼者，自卑而尊人，虽负贩者，必有尊也，而况富贵乎？富贵而知好礼，则不骄不淫；贫贱而知好礼，则志不慑。①

先秦多种资料表明，周礼之完善，相传是完成于周公之手，所以人们常说"周公之礼"，即西周的"古周礼"。这个古礼，到孔子时，已经散失不全。《汉书·艺文志》说："'礼经三百，威仪三千。'及周之衰，诸侯将逾法度，恶其害己，皆灭去其籍，自孔子时而不具，至秦大坏。"②

今日谈《礼》，主要是"十三经"中的"三礼"，即《周礼》《仪礼》《礼记》。《周礼》《仪礼》，可视为礼的"经"；

---

① （清）阮元校刻：《礼记正义·卷第1·曲礼上第一》，第2663—2665页。
② （汉）班固撰：《汉书·卷30　艺文志第十》，第1710页。

《礼记》则可谓是礼之"传"。其实，《周礼》原名《周官》，与孔子六经中的礼无关。《仪礼》才是孔子六经中的礼。至于《礼记》，则是七十子后学所记，不能当作孔子六经中的礼。

《礼记·礼器》中说："经礼三百，曲礼三千。"①《墨子·非儒》中说："累寿不能尽其学，当年不能行其礼。"②可见当时所谓礼，至为繁缛。不过大体上说，可分为八大类。这就是如《礼记·昏义》中所说：（1）冠礼。（2）婚礼。（3）丧礼。（4）祭礼。（5）朝礼。（6）聘礼。（7）射礼。包括"大射""乡射"。（8）乡礼。包括"乡饮酒""乡射"。

《礼记·杂记下》中说："恤由之丧，哀公使孺悲之孔子，学《士丧礼》，《士丧礼》于是乎书。"③证明孔子对《仪礼》确实有修起之功。

《论语·八佾篇》中说："子曰：'夏礼吾能言之，杞不足征也。殷礼吾能言之，宋不足征也，文献不足故也，足则吾能征之矣。'"同篇中又说："子曰：'周监于二代，郁郁乎文哉！吾从周。'"④证明《仪礼》所记载的，都是周礼。

《仪礼》十七篇，礼的八大类基本上都有反映。其十七篇是：（1）《士冠礼》。（2）《士昏礼》。（3）《士相见礼》。（4）《乡

---

① （清）阮元校刻：《礼记正义·卷第23·礼器第十》，第3108页。

② （清）孙治让撰，孙启治点校：《墨子间诂·卷9·非儒下第三十九》，中华书局2001年版，第300页。

③ （清）阮元校刻：《礼记正义·卷43·杂记下》，第3399页。

④ 程树德撰：《论语集释·卷5　八佾下》，第182页。

饮酒礼》。（5）《乡射礼》。（6）《燕礼》。（7）《大射》。（8）《聘礼》。（9）《公食大夫礼》。（10）《觐礼》。（11）《丧服》。（12）《士丧礼》。（13）《既夕礼》。（14）《士虞礼》。（15）《特牲馈食礼》。（16）《少牢馈食礼》。（17）《有司》。

　　《礼记·昏义》中说："夫礼始于冠，本于昏，重于丧、祭，尊于朝、聘，和以射、乡：此礼之大体也。"①这就是说，礼以冠礼为开端，以婚礼为根本，以丧礼、祭礼为隆重，以朝礼、聘礼为尊敬，以射礼、乡饮酒礼为亲和：这是礼的大原则。

　　孔子对礼的兴趣特别浓厚，儿童时代他就经常演习简单的礼仪。"孔子为儿嬉戏，常陈俎豆，设礼容。"②成人后，他又到处参观、访问、搜集资料，对礼进行广泛而深入的研究。创办私学后，他又把《仪礼》作为一项重要内容列入教学科目。仅就《论语》一书统计，"礼"字出现的频率就有74次。可见孔子对礼的重视。如果根据内容进行分析，孔子所说的"礼"，大体有三种含义：（1）作为历史发展标志的礼，如他所说："殷因于夏礼，所损益可知也；周因于殷礼，所损益可知也；其或继周者，虽百世可知也。"（2）作为治国之礼，如他所说："为国以礼""齐之以礼""克己复礼为仁"。（3）作为行为规范的礼，如他所说："不学礼，无以立"、"立于礼""非礼勿视，非礼勿听，非礼勿言，非礼勿动""礼，与

---

　　① （清）阮元校刻：《礼记正义·卷第61·昏义第四十四》，第3648—3649页。
　　② （汉）司马迁撰：《史记·卷47　孔子世家第十七》，第1906页。

其奢也，宁俭"等。这三种含义的礼是互相联系、互相制约的，即把孔学历史观、政治观和人生观结合成为一个有机的整体①。这样，通过对礼的搜集、学习、整理、完善，孔子不仅重视日常生活中的礼仪，而且将"礼"提升到了自我修养的层面，从而把周代的仪礼发展到了一个更高的阶段。

第四，关于《乐》与孔学之关系。

《礼记·乐记》说：

> 凡音者，生人心者也。情动于中，故形于声，声成文谓之音。是故治世之音安以乐，其政和；乱世之音怨以怒，音之道与政通矣。其政乖；亡国之音哀以思，其民困。声音之道与政通矣。②

在周代，礼乐并称，成为维护封建宗法等级制度的一部分。春秋战国时期，以孔子为代表的儒家学派，十分重视"乐"的功能及作用，在这方面留下了比较丰富的论述。

孔子思想体系以礼为核心、以仁为实践途径，强调人与人之间的相互关系，强调个体内心世界的反省，强调性格情感的引导和培养，将情感体验作为社会存在的基础和本源。

在孔子看来，只要从内心情感世界入手，对每个社会成

---

① 参见匡亚明著：《孔子评传》，第 342 页。
② （清）阮元校刻：《礼记正义·卷第 37·乐记第十九》，第 3311 页。

员约之以礼，便可实现万民心治、天下大同的理想。这种以情为本的复礼之道，必然导致孔子对"乐"的重视。乐本质上具有抒发内心情感的特质，这就使儒家将其作为开掘内心世界的有效手段。

在孔子看来，乐不仅仅是祭祀仪式的组成部分，更是陶冶心性、培养情感的重要方式。早期儒家对乐情感本质的认知，在郭店竹简《性自命出》中有明确表述。简文论证了圣人对诗、书、礼、乐的认知，提出了"诗、书、礼、乐"均缘于"人"而发的观点，指出圣人对"乐"的情感表现进行整理，使之合于一定规范，最终实现"生德于民心之中"的目的。

孔子对乐与情感关系的认知，在上博馆藏战国楚竹书《诗论》中亦有明确体现。《诗论》是成书于战国初期的一篇概述诗篇特点与大义的文字，有学者认为是孔子或其再传弟子所作。[①]透过《诗论》，我们可更为深入地了解孔子对乐的认识。《诗论》第十三章中说：

　　　　孔子曰："诗亡隐志，乐亡隐情，文亡隐意。"[②]

"乐无隐情"一语，是说乐曲没有隐藏情感的。言下之意，凡乐曲所表达的情感喜就是喜，怒就是怒，哀就是哀，

---

　　① 参见黄怀信著：《上海博物馆藏战国楚竹书〈诗论〉解义》，社会科学文献出版社 2004 年版，第 5—6 页。

　　② 参见黄怀信著：《上海博物馆藏战国楚竹书〈诗论〉解义》，第 267 页。

忧就是忧，怨就是怨，都能通过音乐表现出来，无法隐瞒。可见，孔子对乐的情感表现，已有十分深刻的认识。孔子评价《关雎》"乐而不淫，哀而不伤"时，对乐、哀、伤的体验，在齐闻《韶》后，"学之，三月不知肉味"的经历，击磬于卫时的复杂矛盾情感以及临终前的落泪作歌等等，无不反映出他对乐情感表现意义的深刻体认。

"乐"对人的性情修养的巨大作用，使孔子将"乐"纳入礼学思想体系中来，赋予"乐"与礼、仁同等重要的地位。孔子一生强调音乐，在他看来"乐"是修养身心、陶冶情感的重要手段。孔子本身就是一位造诣很深的大音乐家。在音乐为社会、政治服务问题上，孔子将音乐与个人修养直接联系起来，主张"乐"的中和、尽善尽美以及音乐艺术移风易俗的作用，强调通过这些方式，达到个人反躬自省的"仁"。孔子这种将外在制度化的礼内化为人们自觉遵从的道德操守和情感寄托，从某种程度上实现了人的道德修养进步"成于乐"的目的，《论语》中40多次对"乐"的论说，便充分证明了这一点。孔子以情为出发点，将礼、仁、乐三者完美结合在一起。这种"礼—仁—乐"的思想模式，主张从以情感表现为本质的"乐"，导出人们对"仁"的追求和"礼"的复兴。儒家这种经典的"内圣开外王"的思想模式，可使我们更深刻地理解"乐"在孔子思想体系中不可替代的意义与价值。

纵观远古以来礼乐文明的发展，我们可以发现这样一条线索：从最初的"礼—巫—乐"，到夏商的"礼—权

（神）—乐”；从周初的“礼—权（王）—乐”，到孔子的
“礼—仁—乐”，其间“乐”的地位与性质虽几易其变，但
依然有一条红线贯穿其中，那就是对个体生命情感价值的发
现和肯定，这也是人性力量与价值在历史发展中不断彰显的
体现。“如果说周公‘制礼作乐’，完成了外在巫术礼仪理
性化的最终过程，孔子释‘礼’归‘仁’，则完成了内在巫
术情感理性化的最终过程。”[1]从这一角度看，孔子在当时历
史条件下提出的礼乐见解，较宗周及远古时期的巫乐传统，
显然具有极大的历史进步性。[2]

　　第五，孔子与《易》的关系。

　　“六艺”中与孔子关涉最大，最能直接表现孔子政治思
想者，当首推《易》和《春秋》。这两部专谈理论的经书，在
“六艺”中最是深奥难懂，也最能代表孔子的心声。《易》即
今传世的《周易》，原是古代的卜筮之书。朱熹在《朱子语
类》中说：“《易》所难读者，盖《易》本是卜筮之书，今却
要就卜筮中推出讲学之道，故成两节功夫。”[3]今本《周易》
分经、传两部分。《易经》主要指六十四卦及卦、爻辞；《易
传》是对《易经》的解释，共十篇（象上下、象上下、文言、

　　① 李泽厚著：《己卯五说》，中国电影出版社 1999 年版，第 61—62 页。
　　② 参见李宏锋著：《礼崩乐盛——以春秋战国为中心的礼乐关系研究》，文化
艺术出版社 2009 年版，第 197—199 页。
　　③（宋）黎靖德编，王星贤点校：《朱子语类·卷第 66　易二·纲领上之下·卜
筮》，中华书局 1986 年版，第 1626 页。

系辞上下、说卦、序卦、杂卦），又称"十翼"。关于《易》的作者，《汉书·艺文志》有"人更三圣，世历三古"的说法，即上古伏羲氏画卦、中古周文王重卦并作卦爻辞，下古孔子作传。也还有一些不同的解释，但孔子为《易》作"十翼"的说法基本上为世人所认可。

《论语·述而篇》说："加我数年，五十以学《易》，可以无大过矣。"①《论语·子路篇》说："子曰：'南人有言曰：人而无恒，不可以作巫医，善夫！'不恒其德，或承之羞。'子曰：'不占而已矣。'"②这是《论语》中孔子言及《周易》的两段话，说明孔子对《周易》极感兴趣，且有深刻的理解。

《史记·孔子世家》说："孔子晚而喜《易》，序《彖》《系》《象》《说卦》《文言》。读《易》韦编三绝。曰：'假我数年，若是，我于《易》则彬彬矣。'"③《史记·仲尼弟子列传》又说："孔子传《易》于瞿，瞿传楚人馯臂子弘，弘传江东人矫子庸疵，疵传燕人周子家竖，竖传淳于人光子乘羽，羽传齐人田子庄何，何传东武人王子中同，同传菑川人杨何，何元朔中以治《易》为汉中大夫。"④照这两处记载，孔子不但学过《易》，而且还作过《易传》，甚至还将《易》

---

① 程树德撰：《论语集释·卷14　述而下》，第469页
② 程树德撰：《论语集释·卷27　子路》，第932—934页
③ （汉）司马迁撰：《史记·卷47　孔子世家第十七》，第1937页。
④ （汉）司马迁撰：《史记·卷67　仲尼弟子列传第七》，第2211页。

传授过弟子。《汉书·儒林传》说：孔子"盖晚而好《易》，读之韦编三绝；而为之传"。①《汉书·艺文志》说："孔氏为之《彖》《象》《系辞》《文言》《序卦》之属十篇。"②《史记》与《汉书》都说孔子晚年喜《易》，都说孔子功夫下到"韦编三绝"的程度，都说孔子作了《易传》，应该说，孔子与《易》的关系十分密切了。

1973年长沙马王堆汉墓出土的汉文帝初年的手抄帛书《周易》，其经文部分取名《帛书六十四卦》已在《文物》杂志1984年第3期发表，其传文部分尚在整理中，据有关文章透露，帛书《周易》传文有今传世本《周易》没有的一些东西，其中有一部分曰《要》篇，其文曰："夫子老而好《易》，居则在席，行则在囊。有古之遗言焉，予非安其用，而乐其辞。后世之士，疑丘者或以《易》乎！（子贡问）：'夫子亦信其筮乎？'（子曰）：'我观其义耳，吾与史巫同途而殊归。'"共计孔子五句话，子贡一句话。开头的两句是此文记录者讲的，内容都是表达孔子对《易》的态度，治《易》的方法的。

"夫子老而喜《易》，居则在席，行则在囊。"此话说孔子老年喜《易》到了居行不离的程度，是《史记》《汉书》"韦编三绝"的另一种表述。帛书《易传》司马迁未必得见，二者不约而同地讲出内容一致的事，这事必定属实。

---

① （汉）班固撰：《汉书·卷88　儒林传第五十八》，第3589页。
② （汉）班固撰：《汉书·卷30　艺文志第十》，第1704页。

"有古之遗言焉，予非安其用，而乐其辞。"这是孔子的话。有古之遗言焉，是孔子强调《易》之卦爻辞中有许多古人留下的含有思想和教训意义的言论。《礼记·缁衣》引孔子话说："南人有言曰：'人而无恒，不可以为卜筮。古之遗言与！龟筮犹不能知也，而况人乎！'"就是很好的证明。孔子说他研《易》不是用以卜筮，而是玩索《易》的卦辞爻辞，因为辞里边含有思想意义。这表明孔子视《易》为讲思想的书，他研《易》的目的是为了了解它的思想内容，不是用它卜筮的。

"后世之士，疑丘者，或以《易》乎！"这话与《孟子·滕文公下》所记"知我者其唯《春秋》乎！罪我者其唯《春秋》乎"和《史记·孔子世家》所记"后世知丘者以《春秋》，而罪丘者亦以《春秋》"的孔子两段言论，句式可谓雷同。他作《春秋》鞭挞弑父弑君者，后世的乱臣贼子要罪他；而后世的士（有知识的人）要因《易》而对他疑惑不解。为什么呢？因为孔子不是一般地读《易》，而是对《易》做了深入学术研究的。孔子"不语怪力乱神"，怎么会对卜筮之书如此感兴趣呢？

"夫子亦信其筮乎"？子贡此问正是孔子担心后人要疑他的问题。子贡之所以敢对孔子如此发问，是因为他知道孔子不相信卜筮，却又不点破，而且也谈论卜筮问题。

"我观其德义耳。"孔子对卜筮与鬼神的问题不做正面回答，只是从另一个方面说，让提问者自己体会，是孔子的一贯办法。孔子不相信卜筮，却不作出肯定的表示，把问题避开，说他观《易》的德义。德义即思想内容，也就是《易》中的天之道与民之故。

"吾与史巫同途而殊归。"史巫即掌卜筮的筮人。同途是说筮人用筮卦，他也用筮卦。殊归是说虽然都用筮卦，但筮人用以卜筮，他用以研究哲理。不相信不等于不存在，对于世间万事万物，孔子绝对不采取简单肯定或者否定的办法，而是在事物的对立面中寻找一致的地方，采用折中的办法，这正是孔子"极高明而道中庸"之所在。①

总而言之，《易经》是一部长期形成的古代典籍，作者也不是一人，传统的说法是，伏羲作八卦，文王作卦辞，周公作爻辞，孔子作十翼。"《易传》有孔子自撰、弟子记录孔子语、采取前言旧说、后世人窜入四类情况。其中大部分应是孔子自撰。除《系辞传》《说卦传》外，《序卦传》出于孔子之手是无疑问的，《彖传》《象传》也是孔子所作。"②孔子晚年喜《易》，亲手作《易传》以及长沙马王堆汉墓出土的汉文帝初年的手抄帛书《周易》中他与子贡的对话表明：孔子对《周易》下过非凡的功夫；孔子视《周易》为哲学思想必读书；孔子不搞卜筮，但绝不公开否定卜筮。今本《易传》正是这样的思想。说《易传》是孔子所作，《易传》的思想可以反映出孔子的哲学与人生思想，大致不会相差太远。

---

① 金景芳、吕绍纲、吕文郁著：《孔子新传》，第 221—223 页。
② 参见金景芳、吕绍纲、吕文郁著：《孔子新传》，第 227 页。

在本节的最后，我们亦来简单考察一下孔子与《春秋》的关系。

"六艺"最后一艺是《春秋》，它与孔子有着怎样的关系呢？

一般认为，《春秋》为孔子所作，在儒家诸经中地位最为重要。

《春秋》本来是太史所著史书。故太史最明《春秋》之义。《史记·太史公自序》说："夫，《春秋》，上明三王之道，下辨人事之纪，别嫌疑，明是非，定犹豫，善善恶恶，贤贤贱不肖，存亡国，继绝世，补敝起废，王道之大者也。""《春秋》辨是非，故长于治人。""《春秋》以道义。拨乱世，反之正，莫近于《春秋》。《春秋》文成数万，其指数千。万物之散聚皆在《春秋》。《春秋》之中，弑君三十六，亡国五十二，诸侯奔走不得保其社稷者不可胜数。察其所以，皆失其本已。故《易》曰：'失之毫厘，差以千里。'故曰：'臣弑君，子弑父，非一旦一夕之故也，其渐久矣。'故有国者不可不知《春秋》，前有谗而弗见，后有贼而不知。为人臣者不可不知《春秋》，守经事而不知其宜，遭变事而不知其权。为人君父而不通于《春秋》之义者，必蒙首恶之名。为人臣子而不通于《春秋》之义者，必陷篡弑之诛死罪之名……夫君不君则犯，臣不臣则诛，父不父则无道，子不子则不孝。此四行者，天下之大过也。以天下之大过予之，则受而弗敢辞。故《春秋》者，礼义之大宗也。"①《春秋》以记事之方法，批评暴乱之君父，鞭笞叛逆之臣子，明辨是非曲直，伸张礼义，其目的就在于恢复正当的社会秩序。

其实《春秋》区别于诸经之处，正在于尊崇社会秩序，尊君而尚法。这一点，后世学者都大致认同。"邵子曰，《春秋》者，孔子之刑书也。程子曰，五经之有《春秋》，犹法律之有断例也。唐陈商立曰，《春秋》者，儒家之《法经》也。""《春秋》之为法经，为刑书，为断例，可以见其梗概矣。"②皮锡瑞则称："《春秋》近于法家。"③高恒说："清经学家皮锡瑞说：'《春秋》近于法家。'此说不无道理。他指的是《公羊春秋》。其理论与法家相似之处，主要表现在重视法制的功效，强调运用法律维护以三纲五常为核心的封建等级制度。因此，酷爱公羊学的汉武帝崇尚法制，是不足为奇的。"④金春峰说："《公羊》的基本精神是崇尚法治，而《谷梁》则崇尚礼治。"⑤由此可见，子夏的《春秋》真意，开法家先河，他的法家倾向或即酝酿于《春秋》之学。上述学者的看法既概括了子夏在儒法浸润、法家酝酿过程中的特殊作用，又指明了儒法浸润、法家酝

①　（汉）司马迁撰：《史记·卷130　太史公自序第七十》，第3297—3298页。

②　范罕著：《法论四篇》，程波点校，《法意发凡：清末民国法理学著作九种》，清华大学出版社2013年版，第20、21页。

③　皮锡瑞著：《经学通论·春秋》，中华书局1954年版，第57页。

④　高恒著：《秦汉法制论考》，厦门大学出版社1994年版，第229页。

⑤　金春峰著：《以时兴衰的两汉经学》，《文史知识》1981年第6期。

酿的典型路径——《春秋》之学。《春秋》对儒法文化的影响之大于此可见。

孔子作《春秋》的起因与经过，司马迁说得很是清楚：

> 子曰："弗乎弗乎，君子病没世而名不称焉。吾道不行矣，吾何以自见于后世哉？"乃因史记作《春秋》，上至隐公，下讫哀公十四年，十二公。据鲁，亲周，故殷，运之三代。约其文辞而指博。故吴楚之君自称王，而《春秋》贬之曰"子"；践土之会实召周天子，而《春秋》讳之曰"天王狩于河阳"，推此类以绳当世。贬损之义，后有王者举而开之。《春秋》之义行，则天下乱臣贼子惧焉。
>
> 孔子在位听讼，文辞有可与人共者，弗独有也。至于为《春秋》，笔则笔，削则削，子夏之徒不能赞一辞。弟子受《春秋》，孔子曰："后世知丘者以《春秋》，而罪丘者亦以春秋。"①

孔子作《春秋》，从鲁隐公元年起，至哀公十四年止，是非二百四十二年中的事情，不过一万六千五百字，古人所谓"一字之褒，荣于华衮：一字之贬，严于斧钺"者是。全书体例，十分精严。自周室的德化，日见衰败，百官也都因此失其职守。于是在上的人，不能使《春秋》昭明；而一切赴告策书，及诸所注记，又常有违背旧章之处，由是孔子乃取

---

① （汉）司马迁撰：《史记·卷47　孔子世家第十七》，第 1943—1944 页。

《鲁史》策书，敷佐以成文，考察它的"真伪"，而记述它的典礼。上以遵循周公的制度，下以昭示后世的法戒。其于教化之所存，而文字有所害的，又把它刊而正之，以表示劝戒的微意，这便是孔子所以作《春秋》的意义了！而《鲁史》之所以名为《春秋》者，是因为史官所记，必表某年以首其事；一年之中，有春、夏、秋、冬四时，所以错举"春秋"二字，以为所记的名称。因此后人谓《春秋》一书，是创史家"编年"之体的。①

《春秋》为孔子所作，这个问题《孟子》讲得最为明白。

《孟子·滕文公下》说：

> 世衰道微，邪说暴行有作。臣弑其君者有之，子弑其父者有之。孔子惧，作《春秋》。《春秋》，天子之事也，是故孔子曰："知我者，其唯《春秋》乎！罪我者，其唯《春秋》乎！"
>
> 昔者禹抑洪水而天下平，周公兼夷狄，驱猛兽而百姓宁，孔子成《春秋》而乱臣贼子惧。②

《孟子·离娄下》说：

---

① 参见顾荩臣著，金歌校点：《经史子集概要》，第 52—53 页。

② （清）焦循撰，沈文倬点校：《孟子正义·卷13　滕文公章句下·九章》，中华书局 1987 年版，第 452、459 页。

王者之迹熄而《诗》亡，《诗》亡然后《春秋》作。晋之《乘》，楚之《梼杌》，鲁之《春秋》，一也。其事则齐桓、晋文，其文则史。孔子曰："其义则丘窃取之矣。"①

《孟子》的这三段话回答了 4 个问题。

（1）《春秋》为孔子所作。

（2）孔子作《春秋》有一定的政治用意。

（3）《春秋》与一般史书不同，史书重事，《春秋》重义。

（4）《春秋》是孔子以鲁史旧文作材料，加入自己的政治观点，从而形成的一部新作品。

《孟子》说："孔子曰：'其义则丘窃取之矣。'"这"窃取"一词意义重大。它表明孔子所作的《春秋》，就内容说，虽然依然是齐桓、晋文一类的霸业，就文体说，与不修之《春秋》一样是一部史书，但不同之处是孔子作《春秋》时把自己的政治思想加进去了，这是原来鲁的《春秋》所没有的，纯系是孔子自己的创造。孔子给《春秋》"窃取"了一定的义，这义当然属于孔子，这就是孔子作《春秋》的含义。如果《春秋》中没有孔子"窃取"之义，只是一部普通的"鲁之《春秋》"，那就与晋《乘》、楚《梼杌》一样没有自己的特色了。

至于孔子作《春秋》的政治用意，《孟子》讲得极为深

---

① （清）焦循撰：《孟子正义·卷16　离娄章句下·二十一章》，中华书局1987年版，第452、459页。

刻。"孔子惧，作《春秋》。""孔子成《春秋》而乱臣贼子惧。"两个"惧"字表明孔子对周室东迁后的社会变化确是忧心忡忡。礼坏乐崩、名分淆乱的状况，他视同洪水猛兽。他想制裁弑君弑父的乱臣贼子而又深知力不能及，乃作《春秋》，以针砭当时，规范后人，达于王事，确实是孔子作《春秋》的用意之所在。

另外，关于《春秋》一书的性质，据《孟子》的说法，《春秋》是"天子之事"，写的是齐桓、晋文之类的事件，采取的是史书的文体形式，而表达的是孔子自己的"义"，这"义"就是《庄子·天下篇》说"《春秋》以道名分"的"名分"和《史记·自序》说"《春秋》以道义"的"义"。《春秋》重义不重事，当然属于政治书的性质。①

前文说过，《易》与《春秋》是"六艺"中两部讲埋论的书，前者孔子读《易》而作《易传》，是一部哲学著作，后者孔子因《鲁春秋》而作，是一部政治性著作。二者全是最难读的书。孔子用"六艺"做教材教学生，能学懂这两部书的只有少数高足弟子。《史记·孔子世家》说："孔子以诗书礼乐教，弟子盖三千焉，身通六艺者七十有二人。"②三千弟子都能学习诗、书、礼、乐四艺，其中能学通《易》与《春秋》即六艺皆通的只有七十二个人。古人言及六艺时无不《易》与《春

---

① 参见金景芳、吕绍纲、吕文郁著：《孔子新传》，第228—229页。
② （汉）司马迁撰：《史记·卷47 孔子世家第十七》，第1938页。

秋》并举。《庄子·天下篇》说"《易》以道阴阳，《春秋》以道名分"，《史记·自序》说"《易》以道化，《春秋》以道义"，《史记·司马相如列传》说"《春秋》推见至隐，《易》本隐之以显"，既指出了二书的差异，又肯定了它们的共性。差异是一讲哲学、一讲政治，共性是二者都是讲理论的书。

总而言之，"六艺"与孔子有着密切的关系，孔子对它们下了极大的功夫。《诗》《书》是论次，《礼》《乐》是修起，《易》是赞，《春秋》是作。这些都是孔子留下的珍贵文化遗产，也是孔子学说的主要载体，孔子的治理思想大量地蕴含于其中，《易》与《春秋》尤为重要。探讨孔子治理之学而舍"六艺"于不顾，是不可思议的。①

夏曾佑在论孔子与"六艺"（即后来所谓之"六经"）关系时，也曾有如下比较系统之观点。他说：

> 中国之圣经，谓之六艺，一曰《诗》，二曰《书》，三曰《礼》，四曰《乐》，五曰《易象》，六曰《春秋》。其本原皆出于古之圣王，而孔子删定之，笔削去取，皆有深义。自古至今，绎之而不尽，经学家聚讼焉。今略述其概如左。
>
> 一、《易》。包牺始画八卦，因而重之为六十四卦。文王作卦辞。周公作爻辞。孔子作《彖辞》《象辞》《文言》《系辞》《说卦》《序卦》《杂卦》，是为十翼，以授鲁商瞿子木，凡《易》十二篇。

---

① 参见金景芳、吕绍纲、吕文郁著：《孔子新传》，第232—233页。

二、《书》。《书》本王之号令，右史所记。孔子删订，断自唐虞，下讫秦穆，典、谟、训、诰、誓、命之文，凡百篇，而为之序。及秦禁学，孔子之孙惠壁藏之，凡《书》二十九篇。

三、《诗》。诗者，所以言志，吟咏性情，以讽其上者也。古有采诗之官，王者巡守，则陈诗，以观民风，知得失，自考正也。动天地，感鬼神，厚人伦，养教化，莫近乎诗。是以孔子最先删录，既取周诗，上兼商颂，以授子夏，凡三百一十一篇。

四、《礼》。帝王质文，世有损益。至于周公，代时转浮，周公居摄，曲为之制，故曰经礼三百，威仪三千。及周之衰，诸侯始僭，将逾法度，恶其害已，皆灭去其籍，自孔子时而不具矣。孔子反鲁，乃始删定。值战国交争，秦氏坑焚，故惟《礼》经，崩坏为甚。今所存者，惟《仪礼》至为可信，《周礼》《礼记》，皆汉人所掇拾耳，凡《礼》经十七篇。

五、《乐》。自黄帝下至三代，乐各有名。孔子曰："安上治民，莫善于礼；移风易俗，莫善于乐。"二者相与并行，周衰俱坏。孔子自卫反鲁，然后乐正。然乐尤微眇，以音律为节，又为郑、卫所乱，故无遗法。

六、《春秋》。古之王者，必有史官，君举必书，所以慎言行，昭法式也。诸侯亦有国史，《春秋》即鲁之史记也。孔子应聘不遇，自卫而归，西狩获麟，伤其虚应，乃因鲁旧史，而作《春秋》，上述周公遗制，下明将来之法，勒成十二公之经，以授子夏，凡《春秋》十二篇。

右为六经，皆孔子所手定也。此外犹有二经，与六经并重，皆门人记录孔子言行之所作也。

一、《论语》者，孔子应答弟子时人，及弟子相与言，而接闻于夫子之语也。当时弟子各有所记，夫子既卒，门人相与辑而论纂，故谓之《论语》，凡二十篇。

二、《孝经》。《孝经》者，孔子为曾子陈孝道也，凡一篇。

右二经，六经之总汇。至宋儒乃取《论语》二十篇，及《礼记》中之《大学》一篇、《中庸》一篇，而益以《孟子》七篇，谓之《四书》，于今扔之不改，非孔子之旧矣。①

夏曾佑所论，至为精当。

孔子作为中国历史上第一位伟大的文献整理家，主要的功绩即在于他收集、整理、传播和保存了中国上古时期特别是夏商周时期的政治、经济、文化、思想、社会等方面的最具核心的宝贵资料，这对研究中国古代早期的思想文化史、政治社会史都具有不可估量的价值，正是有这些珍稀的文明成果的保存，中国才有成为世界文明古国的资格与底气，从这种意义上讲，"六艺"之成为"六经"，成为孔子国家治理学说的核心部分，看来一点也不为过。

---

① 杨琥编：《夏曾佑集》（下），上海古籍出版社 2011 年版，第 832—833 页。

第二章　孔子的理想社会

　　"大道之行，天下为公，选贤与能，讲信修睦"，这是孔子所提出的"理想国"方案，表现了孔子对人类社会的终极追求和关怀。在这个理想社会里，财产公有，政治民主，人人各尽其能，彼此平等、博爱，各得其所，社会安定，没有盗贼，也没有战争，一派安定繁荣的和谐景象。孔子所谓的"小康世"，则是一种礼法完备、赏罚严明、秩序井然、君主圣明的社会状态。在这种社会中，虽然人们"各亲其亲，各子其子，货力为己"，但是，毕竟礼法整肃，赏罚有度，诚信仁爱，谦恭礼让，君主亦谨行其礼，民众皆遵守常规，违背礼法者，一律加以处罚，即使是当权者也不例外。尽管"小康社会"已经不是孔子最满意的理想状态，但与孔子所处的春秋乱世窘况相比，这无疑仍是一种无法实现的社会模式。

一、"大同世"

孔子从五帝时代的历史与文化中提炼出了自己的"理想国"方案——"大同世"。

大同世界是孔子对人类社会的终极关怀。

《礼记·礼运》篇中记载了孔子所推崇的"天下为公"的大同理想。孔子说：

> 大道之行也，天下为公，选贤与能，讲信修睦。故人不独亲其亲，不独子其子。使老有所终，壮有所用，幼有所长，矜寡孤独废疾者，皆有所养，男有分，女有归。货恶其弃于地也，不必藏于己；力恶其不出于身也，不必为己。是故谋闭而不兴，盗窃乱贼而不作，故外户而不闭，是谓大同。①

这个理想国的总纲是"天下为公"，是派生其他具体内容的根源与出发点。"大同"是一幅以原始公有制社会为摹本而设计出来的理想社会蓝图，其间人们对远古社会美好的回忆与向往清晰可辨。在这个理想社会里，财产公有，政治民主，人人各尽其能，人与人之间平等、博爱，各得其所，社会安定，没有盗贼，也没有战争，社会安定，秩序井然，一派安定和谐的景象。

---

① （清）阮元校刻：《礼记正义·卷第21·礼运第九》，第3062页。

在孔子这里，"大道之行"是指尧舜以上的五帝时代。孔子所描绘的这个天下大同理想社会的蓝图，不是发思古之幽情，更不是要求历史倒退，它表达了孔子对春秋时代"礼崩乐坏""天下无道""世风日下"的现实的极端不满和批判，也寄寓了孔子对人类美好社会的向往与憧憬。

从孔子"大同"社会的理想追求来看，"大同梦"不是可有可无的，对于人类的精神追求与终极向往而言，"大同梦"显得非常重要，这也是自孔子而后历代志士仁人前赴后继的终极梦想。孔子的"大同"理想，不仅是对人类公平、正义和美好社会的追求，而且也是对人类政治社会合理性、合法性的高层面的期许；对于人与自然和谐相处、人与人之间讲信修睦的一种预判。这一政治理想，曾经对中国社会与历史产生过深远的历史影响。自孔子提出"大同"社会方案以后，"大同"便成了一个令上下数千年，"引无数英雄竞折腰"的社会理想，一个令志士仁人前仆后继的世代憧憬，一个令炎黄子孙魂牵梦萦的万年情结。

然而，如果我们用科学的态度认真分析，孔子的"大同梦"在现实中却缺乏生长的土壤。

第一，孔子的理想国思想来源于原始社会生产力极端低下、物质生活极端匮乏的时代，当时，人们为了生存，万众一心，民风淳朴，不是没有可能。但到了孔子时代，整个社会基础已经完全不同于原始社会初级的生产力极端低下的财富共有的五帝时代。再用古风作为现实治理政策，显然不符合现实需要。

第二，孔子所谓大同之世"天下为公，选贤与能，讲信修睦"，只能在一种小国寡民、与世隔绝的状态中可以实现，在列国并立，利益至上、实力为尊的"全球化时代"，只要国家利益、民族利益至上，"讲信修睦"就只是一句空话，只能当作一种理想的思想探求，在现实中是没有出路的。

第三，尧舜禹时代的早期政治，是否真的做到了"天下为公""禅让""夜不闭户，路不拾遗"，这并没有可靠历史资料作为参考，这其中是否有孔子的主观美好的"臆想"成分在里面，我们不得而知，但这种政治方案具有理想化的成分则是不言自明的。理想是丰满的，现实是骨感的。理想领域的探索是思想家的事情。政治治理领域的探索是政治家的事情。理想是理想，现实是现实，二者之间存在着联系与转化的关系，但我们不能将二者画等号。

事实上，孔子的"大同世"政治方案，虽然具有"救世"之普遍的意义，但却具有一定的空想成分，这就注定了孔子在现实政治追求上不可能成功，只能是个悲剧式的结局。由他在临死之前所发出的"天下无道久矣，莫能宗予"[1]的哀叹之语来看，孔子并未意识到他的救世方案具有乌托邦的色彩。

---

[1] （汉）司马迁撰：《史记·卷47·孔子世家第十七》，第1944页。

二、"小康世"

孔子所说的"大同世"，今日似乎仍然遥不可及，与"大同"等而下之的便是"小康"社会，则正在为国人孜孜以求。

孔子在《礼记·礼运》篇接下来描述道：

> 今大道既隐，天下为家。各亲其亲，各子其子，货力为己。大人世及以为礼，城郭沟池以为固。礼义以为纪，以正君臣，以笃父子，以睦兄弟，以和夫妇，以设制度，以立田里，以贤勇知，以功为己。故谋用是作，而兵由此起。禹、汤、文、武、成王、周公，由此其选也。此六君子者，未有不谨于礼者也。以著其义，以考其信，著有过，刑仁讲让，示民有常。如有不由此者，在执者去，众以为殃。是谓小康。[①]

儒家所讲的小康社会则是以夏、商、周三代文明为基础的"天下为家"的一种理想社会。

孔子认为，在这样的社会里，尽管大道已隐，但国家已经诞生，其社会状态是：各据其国，城池坚固，以"礼义"来维系君臣、父子、兄弟、夫妇之间的关系，人们谨慎地依礼法行事，并且用礼来表明道义，考查诚信，辨明过错，效法仁爱，讲求谦让，向民众昭示为人做事的常规。如果有不遵

---

① （清）阮元校刻：《礼记正义·卷第 21·礼运第九》，第 3062—3063 页。

守这种礼法常规的人，即使是执掌权力者，也要撤职去位，被民众视为祸殃。

由此可见，孔子的所谓"小康"是一种礼法完备、赏罚严明、秩序井然、君主圣贤、人人和谐相处的社会状态。在这种社会中，虽然人们"各亲其亲，各子其子，货力为己"，但是，毕竟礼法整肃，赏罚有度，诚信仁爱，谦恭礼让，帝王亦谨行其礼，民众皆遵守常规，违背礼法者，一律加以处罚，即使是当权者也不例外。尽管"小康社会"已经不是孔子最满意的理想状态，但与在孔子所处的乱世时代相比，这无疑仍是一种理想的但无法实现的社会模式。

孔子所涉及的政治理想蓝图是如此的美好，但毕竟也还是"仙山遥远，遥不可及"。

千里之行，必须始于足下。

面对春秋乱世，孔子又切合实际提出了诸多具体解决方案，主要特征就是要求各阶层的人们包括统治者和民众都要"克己复礼"①，重建西周初年的政治经济社会秩序。然而，孔子的时代与西周初年的形势早已经大相径庭。时间、地点、条件均已经发生了实质性的变化，这使得孔子的救世方案注定不能实现。

从改造现实政治来看，孔子的救世方案就是企图用周天

---

① 程树德撰：《论语集释·卷 24　颜渊上》，第 817 页。

子作为天下统一的象征，重建周公那样"小康"的事业。但是，事实上春秋时期，周天子的势力已经大大削弱，难以控制各个诸侯。齐桓公时，打着"尊王攘夷"的旗号来讨伐不服从周天子命令的诸侯，这个口号还是可行的。所以齐桓公能成为霸主。但是，到了孔子之时，像齐桓、晋文那样的局面也没有了。周天子的实力十分微弱，已不可能再有多大作为。周公时代周天子那种政治控制力、军事震慑力以及赏罚诸侯的权柄与礼乐制度已经名存实亡，可是，孔子却仍然把希望寄托在通过"克己复礼"来重建周天子政治权威的社会秩序上面。这样势必与当时的现实产生很大的距离。

　　一方面，孔子"克己复礼"的政治主张有其一定的合理性，反映了当时人们厌恶战乱、渴望统一，形成一个有秩序的正常社会的强烈愿望，代表了相当一部分人们的政治诉求。另一方面，孔子对事物发展的认识又违反了正常历史发展的规律。社会基础变了，政治生活的内容也变了，政治观念与治理方案必然也要跟着变化。孔子虽然看到了战乱不已，人心思治，但却不能让自己的观念与治理社会的方案与时俱进，适应社会客观存在的变化，反而将历史的客观发展与变化看作是不正常、不合理的东西，企图用已经过时的标准作为衡量与治理社会的尺度，这就使他的观念不合时宜，在具体标准的认识上必定出错。孔子希望从天子、诸侯、卿大夫到士，都能讲道德自律，自觉地做到不僭越，各守本分，"克己复礼"，使庶人不敢议论朝政，犯险者不敢犯上作乱。孔子想以旧秩序的"名"去改变新社会的"实"，以"正名"去挽救礼坏乐崩，这显然是一种行不通的幻想，不能不使孔子陷入到处四处碰壁的困境中。

第三章　孔子的此岸追求

　　孔子是一个积极入世，热衷仕途，欲求"达则兼济天下"实现"东周梦"的政治理想主义者。在国家治理上，孔子积极寻求从政治世的机会，企图先实现晋文、齐桓的霸业，达到尊王攘夷、兴亡继绝的目的，然后再以此为基础重建周文王、武王、周公的事业。而实践的途径与办法，就是从自身做起，"修己""安人""安百姓"进而"安天下"。孔子的"有道之世"，概括起来具有这样几个基本特征：第一，孔子的"有道之世"是大一统的君主集权制国家。第二，孔子的"有道之世"有着严格的等级制度秩序。第三，孔子的"有道之世"追求道德自律，上下和谐。第四，孔子的"有道之世"是一个君明臣贤、十分重视富足与教化的社会。

一、"有道之世"

一般而言，政治理想是政治思想家们对理想社会的美好设计与描绘，是对社会政治终极走向的一种价值性的判断和确定，具有普遍性的意义。政治理想制约着政治思想体系的价值取向和理论构架，所以，把握个人的政治理想对于理解其政治思想十分重要。

从学术意义看，能不能提出一个具有普遍意义的政治原则与理论，是衡量政治思想家的政治思想高低的一个基本标准。西方柏拉图的理想国是拥有智慧、勇敢、节制和正义这四种美德的"公正"之国。孔子的"治世"则可以称为"有道之世"。"有道之世"是针对"无道"现实而发的。

孔子说：

> 天下有道，则礼乐征伐自天子出；天下无道，则礼乐征伐自诸侯出；自诸侯出，盖十世希不失矣；自大夫出，五世希不失矣；陪臣执国命，三世希不失矣。天下有道，则政不在大夫。天下有道，则庶人不议。①

这里，孔子的"天下有道"，就是天下太平、天下有序。孔子这段话的意思是：如果天下有序，则制礼作乐和出兵征

---

① 程树德撰：《论语集释·卷33　季氏》，第 1141 页。。

伐的决定权都出自天子；如果天下无序，则制礼作乐和出兵征伐的权力都出自诸侯；权力出自诸侯，不会传到十代还能继续下去的；权力出自大夫，传承不会超过五代；如果由大夫的家臣执掌权力，传到三代就不会再继续传承下去。天下有序，国家的最高权力就不会掌握在大夫手中。天下有序，百姓就不会议论国事。

在论述天下有道中，孔子阐述了一个尊卑序列，即天子、诸侯、大夫、陪臣，依照这个序列，由上而下进行统辖，并能够得到很好地执行，就天下太平而言，如果违反这个序列，政令不行，就是僭越，就会造成天下大乱。

孔子的"有道之世"，概括起来具有以下几个基本特征。

第一，孔子的"有道之世"是大一统的君主集权制国家。

孔子说：

> 天无二日，土无二王，家无二主，尊无二上。①

在大一统的君主制国家里，天子享有至高无上的权力，国家的一切政事的决策权都出自天子，权在天子，权在中央。

春秋时"礼乐征伐自诸侯出"，在孔子看来，就是天下无道的最糟糕的表现。孔子主张"礼乐征伐自天子出"，这是他理想社会的一个显著的特征。

---

① （清）阮元校刻：《礼记正义·卷第51·坊记第三十》，第3513页。

孔子对春秋礼崩乐坏、天下无道这种极不正常的现象非常反感，站在大一统的立场，他主张恢复周礼，恢复到周公定制的大一统政治秩序。

第二，孔子的"有道之世"有着严格的等级制度秩序。

严格的社会等级制度是维护稳定的社会秩序的重要保障。司马谈在《论六家要旨》中指出，儒家有些地方尽管迂腐烦琐，"然其序君臣父子之礼，列夫妇长幼之别，不可易也。"①"贵贱有等，衣服有制，朝廷有位，则民有所让"②。在严格的等级制度上，建立安定的统治秩序，"目巧之室，则有奥阼，席则有上下，车则有左右，行则有随，立则有序"③；这样的社会，任何的僭越行为都是不允许的，"天下有道，则政不在大夫；天下有道，则庶人不议"。从天子到庶人，每一等级都必须谨于职守，不在其位，不谋其政。

第三，孔子的"有道之世"追求道德自律，上下和谐。

在孔子看来，尽管"有道社会"等级分明，但各个等级之间应该是和谐的。在这个"有道社会"里，君臣之间，"君使臣以礼，臣事君以忠"④。君民之间，君对民以爱，民事君以敬，凡民有丧，君则扶服救之。君臣上下之间待人以仁让，

① （汉）司马迁撰：《史记·卷130　太史公自序第七十》，第3289页。

② （清）阮元校刻：《礼记正义·卷第51·坊记第三十》，第3513页。

③ （清）阮元校刻：《礼记正义·卷第50·仲尼燕居第二十八》，第3504页。

④ 程树德撰：《论语集释·卷6·八佾下》，第197页。

克己以中和，和谐相处。这是一个君贤民和、上下有序、社会稳固、道德完善的理想社会。

孔子曾经就齐鲁两国的治国模式与发展之道进行过比较研究。他说：

> 齐一变，至于鲁；鲁一变，至于道。[①]

孔子说："齐国一变革，可以达到鲁国这个样子，鲁国一变革就可以达到天下有道了。"

春秋时期，齐国实行了一些改革，私有经济发展较早，而且成为当时最富强的诸侯国家。与齐国相比，鲁国经济的发展比较缓慢，但道德文明与礼乐文化保存得比较完备，所以孔子说，齐国变革就能达到鲁国的样子，而鲁国再一变革，就有可能达到"有道之世"的水平。

关于齐鲁的差异，《说苑·政理篇》说：

> 齐之所以不如鲁者，太公之贤不如伯禽。伯禽与太公俱受封而各之国。三年，太公来朝。周公问曰："何治之疾也？"对曰："尊贤，先疏后亲，先义后仁也。"此霸者之迹也。周公曰："太公之泽及五世。"五年，伯禽来朝，周公问曰："何治之难？"对曰："亲亲，先内后外，先仁后义也。

---

① 程树德撰：《论语集释·卷12·雍也下》，第411页。

此王者之迹也。"周公曰："鲁之泽及十世。"故鲁有王迹者，仁厚也；齐有霸迹者，武政也。齐之所以不如鲁也，太公之贤不如伯禽也。①

《淮南子·齐俗》说：

　　昔太公望、周公旦受封而相见。太公问周公曰："何以治鲁？"周公曰："尊尊亲亲。"太公曰："鲁从此弱矣。"周公问太公曰："何以治齐？"太公曰："举贤而上功。"周公曰："后世必有劫杀之君。"其后齐日以大，至于霸，二十四世而田氏代之。鲁日以削，至三十二世而亡。②

《左传·闵公元年》说：

　　齐仲孙湫来省难。书曰"仲孙"，亦嘉之也。仲孙归，曰："不去庆父鲁难未已。"公曰："若之何而去之？"对曰："难不已，将自毙，君其待之。"公曰："鲁可取乎？"对曰："不可。犹秉周礼，周礼，所以本也。臣闻之，国将亡，本必先颠，而后枝叶从之。鲁不弃周礼，未可动也。"③

---

① （汉）刘向撰，向宗鲁校证：《说苑校证·卷第7　政理》，中华书局1987年版，第169页。

② （汉）刘安编，何宁撰：《淮南子集释·卷11　齐俗训》，中华书局1998年版，第765页。

③ （清）阮元校刻：《春秋左传正义·卷第11·闵公元年》，第3876—3877页。

《左传·昭公二年》说：

> 晋侯使韩宣子来聘；观书于大史氏，见《易》《象》与《鲁春秋》，曰："周礼尽在鲁矣！吾乃今知周公之德与周之所以王也。"①

《礼记·明堂位》说：

> 凡四代之服、器、官，鲁兼用之。是故，鲁，王礼也，天下传之久矣。君臣未尝相弑也，礼乐刑法政俗，未尝相变也。天下以为有道之国，是故天下资礼乐焉。②

根据以上史料，可以看出，齐鲁两国的历史文化传统存在很大的差异：齐的治国模式从开国的姜太公就注重功利，由"霸术"而"霸业"，对内以法制民、对外以武制敌，强调的是以暴制暴、以力制力。而鲁的治国模式从开国的伯禽注重礼乐，为政仁厚，有王道之迹，但至孔子时，鲁由三家执政，也无道。但鲁虽无道，礼乐还存在，齐还是不如鲁。就是说，在孔子看来，急功好利，究竟不如仁义礼乐。要想实现"小康"，就必须复辟"周公之道"。

---

① （清）阮元校刻：《春秋左传正义·卷第42·昭公二年》，第4406页。
② （清）阮元校刻：《礼记正义·卷第31·明堂位第十四》，第3232页。

二、"东周梦"

孔子是一个积极入世，热衷仕途，欲求"达则兼济天下"实现"东周梦"的政治理想主义者。

孔子说："乱而治之，滞而起之，自吾志，天何与焉。"[①]天下混乱就要治理，社会停滞就要兴起，这是孔子的大智大勇，也是孔子充满信心致力追求"东周梦"的动力所在。所谓孔子的"东周梦"，就是寻找从政济世的机会，先实现晋文、齐桓的霸业，达到尊王攘夷、兴亡继绝的目的，然后再以此为基础重建周文王、武王、周公的事业。而实践的途径与办法，就是从自身做起，寻找机缘，"修己""安人""安百姓""安天下"。

在学有所成后，孔子"尝为委吏矣"，"尝为乘田矣"[②]。后来虽然是以授徒讲学为职业，但常有"不可一日无君"的庙堂紧迫感。所谓"三月无君，则皇皇如也"[③]，所谓"君命召，不俟驾行矣"[④]，都反映了孔子对"有道之世"身体力行的不懈追求。唐玄宗曾写过一首《经邹鲁祭孔子而叹之》的

---

① （清）陈士珂辑，崔涛点校：《孔子家语疏证·卷9·本姓解第三十九》，凤凰出版社 2017 年版，第 264 页。

② （清）焦循撰：《孟子正义·卷21　万章章句下·五章》第 709 页。

③ （清）焦循撰：《孟子正义·卷12　滕文公章句下·三章》第 420 页。

④ 程树德撰：《论语集释·卷21　乡党下》，第 721 页。

诗来凭吊孔子。诗中说："夫子何为者，栖栖一代中。地犹鄹氏邑，宅即鲁王宫。叹凤嗟身否，伤麟怨道穷。今看两楹奠，当与梦时同。"生动地概括了孔子一生为政治奔走和怀才不遇的惨淡情景。

孔子尝以"危邦不入，乱邦不居，天下有道则见，无道则隐"①来教人。并曾夸奖过卫国贤大夫蘧伯玉，说蘧是"邦有道，则仕，邦无道，则可卷而怀之"。②他还对颜渊说过："用之则行，舍之则藏。唯我与尔有是夫！"③这都说明孔子对于进退出处，是极为慎重的。然而证之实践，却又不然。如"公山弗扰以费畔"，派人来请，他曾想去。子路不悦。孔子说："夫召我者，而岂徒哉？如有用我者，吾其为东周乎！"又如"佛肸以中牟畔"，派人来请孔子，孔子又想去，再次遭到子路劝阻。孔子很郁闷地说："吾岂匏瓜也哉，焉能系而不食？"④

流亡途中，当子贡问："有美玉于斯，韫椟而藏诸？求善贾而沽诸？"孔子说："沽之哉！沽之哉！我待贾者也。"⑤这又是孔子有急于求仕之意。事实上，孔子是每"至于是邦也，必闻其政"⑥。他在鲁国"行摄相事"，是上台而"有喜

---

① 程树德撰：《论语集释·卷16　泰伯下》，第540页。
② 程树德撰：《论语集释·卷21　卫灵公上》，第1068页。
③ 程树德撰：《论语集释·卷13　述而上》，第450页。
④ 程树德撰：《论语集释·卷34　阳货上》，第1190—1206页。
⑤ 程树德撰：《论语集释·卷18　子罕下》，第601页。《论语·篇》。
⑥ 程树德撰：《论语集释·卷2　学而下》，第38页。《论语·篇》。

色"①，及"齐人归女乐以沮之"②，他又"迟迟吾行"③。孔子曾经许愿说："苟有用我者，期月而已可也。三年有成。"④

孔门课程，于德行、言语、文学之外，专设政事一科，就是为适应学生们的从政需要而设置的。孔子要其弟子都能"使于四方，不辱君命"，如果是"诵《诗》三百，授之以政，不达；使于四方，不能专对"⑤，孔子就认为这种人再多也无益。在孔门弟子中，不断有人出去做官，孔子和这些人的关系都很密切，也对他们寄予厚望。

由于孔子求仕心切，对其门人弟子影响很大。《论语》中子张学干禄很能代表孔子培养弟子的方向，也由此多少可以看出孔子师生对于通过仕途实现"东周梦"的热切追求。

子张，姓颛孙，名师，字子张，陈国人，陈国公子颛孙之后，小孔子48岁，是孔子晚期的弟子。子张志向高远，态度务实，希望进入仕途推行大道。《孔子家语》中说他容貌帅气，天资聪慧，性格宽厚温和，举止文雅从容。子张务实，不太喜欢仁义道德之类的大道理，不喜欢与闲人打交道，所以孔子说"师也辟"，"辟"为清高孤傲之意。孔门弟子对他虽然友善，却不太尊敬。子游和曾子对他的评价较高，曾子

---

① （汉）司马迁撰：《史记·卷47　孔子世家第十七》，第1917页。
② （宋）朱熹撰：《四书章句集注·论语序说》，第41页。
③ （清）焦循撰：《孟子正义·卷20　万章章句下·一章》第672页。
④ 程树德撰：《论语集释·卷27　子路下》，第943页。
⑤ 程树德撰：《论语集释·卷26　子路上》，第900页。

说："堂堂乎张也，难与并为仁矣。"①认为他的道德学问已经达到了一定的境界，但还未达到"仁"的境界。韩非子说孔子死后，儒分为八，其中就有"子张之儒"②。荀子对子张颇有微词，说他"弟佗其冠，衶禫其辞，禹行而舜趋，是子张氏之贱儒也"。③大概意思是说，他整天装腔作势的样子，作派有点浮夸，所以孔子拿他与子夏作比较时说他"过"，聪明过头了，不是什么好事。

在《论语》中，有这样几则子张与孔子探讨如何从政的小故事。

第一个小故事：

> 子张学干禄。子曰："多闻阙疑，慎言其馀，则寡尤。多见阙殆，慎行其馀，则寡悔。言寡尤，行寡悔，禄在其中矣。"④

子张向孔子请教做官的方法，孔子告诉他："多听少讲，不讲没有把握的话，对有把握的话也要谨慎地讲，这样就可以少说错话；多观察，不做没有把握的事，对有把握的事情也

---

① 程树德撰：《论语集释·卷38 子张》，第1328页。
② （清）王先慎撰，钟哲点校：《韩非子集解·卷19·显学第五十》，中华书局1998年版，第456页。
③ （清）王先谦撰：《荀子集解·卷第3·非十二子篇第六》，第104—105页。
④ 程树德撰：《论语集释·卷4 为政下》，第115页。

要细心去做，这样就可以少干错事。不说错话，不干错事，官职和俸禄就在其中了。"

第二个小故事：

> 子张问："十世可知也？"子曰："殷因於夏礼，所损益，可知也；周因於殷礼，所损益，可知也。其或继周者，虽百世，可知也。"①

子张问孔子："今后十世的礼仪制度可以预先知道吗？"孔子回答说："商朝继承了夏朝的礼仪制度，所减少和所增加的内容是可以知道的；周朝又继承商朝的礼仪制度，所废除的和所增加的内容也是可以知道的。将来或者有继承周朝的新帝王，礼仪制度也自当会有所修补、增减、完善，就是一百世以后的情况，也是可以预先知道的。"

第三个小故事：

> 子张问曰："令尹子文三仕为令尹，无喜色，三已之无愠色，旧令尹之政必以告新令尹，何如？"子曰："忠矣。"曰："仁矣乎？"曰："未知，焉得仁？""崔子弑齐君，陈文子有马十乘，弃而违之。至于他邦，则曰：'犹吾大夫崔子也。'违之。之一邦，则又曰：'犹吾大夫崔子也。'违之，何如？"子曰："清矣。"曰："仁矣乎？"曰："未知，焉得仁？"②

---

① 程树德撰：《论语集释·卷4　为政下》，第127页。
② 程树德撰：《论语集释·卷10　公冶下》，第331、335页。

子张问孔子说："令尹子文几次做楚国宰相，都没有显出高兴的样子，几次被免职，也没有显出怨恨的样子。而且每次被免职时一定把自己的一切政事全部告诉给新来接任的人。你看这个人怎么样？"孔子说："可谓算得上是对国家忠心耿耿了。"子张问："算得上仁了吗？"孔子说："不知道。这能算仁吗？"子张又问："崔杼杀了他的君主齐庄公，陈文子因此弃官不做，离开了齐国。他先后到了两个国家又都离开了，因为他看出那两个国家的执政者和崔杼是一类人。这个人你看怎么样？"孔子说："这人很清高。"子张说："算得上仁吗？"孔子说："不知道。这能算仁吗？"

第四个小故事：

> 子张问善人之道。子曰："不践迹，亦不入于室。"①

子张问老师孔子使人向善的方法。孔子说："守住本心，顺其自然，不刻意、不沿袭别人的脚步，也不要给'善'设置目标，不要执着于这个目标，不要为向善而行善。"

第五个小故事：

> 子张问政，子曰："居之无倦，行之以忠。"②

---

① 程树德撰：《论语集释·卷23 先进下》，第785页。
② 程树德撰：《论语集释·卷25 颜渊下》，第862页。

子张问如何治理政事。孔子说："居于官位不懈怠，执行君令要忠心。"

第六个小故事：

> 子张问行，子曰："言忠信，行笃敬，虽蛮貊之邦，行矣。言不忠信，行不笃敬，虽州里，行乎哉？立则见其参于前也，在舆则见其倚于衡也，夫然后行。"子张书诸绅。①

子张问如何才能使自己的政治主张行得通。孔子说："说话要忠诚老实，行事要笃敬严肃，即使到了没有开化的野蛮地区，也可以行得通。言而无信，行为轻浮，即便是在本乡本土，也行不通。只要你随时随地牢记'忠信笃敬'这几个字，就到处可以行得通。"于是子张把这几个字写在自己的腰带上。

第七个小故事：

> 子张曰："士见危致命，见得思义，祭思敬，丧思哀，其可已矣。"②

子张说："读书人在国家危难时敢于杀身成仁，平日不取不义之财，祭祀时能想到是否严肃恭敬，居丧时要想到自己是否哀伤。能做到这些，也就算是可以了。"

---

① 程树德撰：《论语集释·卷31　卫灵公上》，第1065—1067页。
② 程树德撰：《论语集释·卷38　子张》，第1301页。

在《论语》一书中，关于子张请教孔子如何做官以及关于子张为政的言论很多，这里不过略举数例而已，但已经足可以说明，子张向孔子请教从政方面的内容很是广泛。从《为政篇》中问"干禄"（做官素质）、"十世可知也"（历史方面），《公冶长篇》中问"令尹子文三仕为令尹"（人物方面），《先进篇》问"善人之道"（处世方面），《颜渊篇》"问政"（治术方面），等等。孔子对于子张询问"为政"的问题，从各个方面都作了详细的解答，许多还都是心得真传，可见孔子是对子张格外器重，有所期待的。

在上述故事中，子张请教如何获得官职与俸禄、如何畅行于四海时，孔子教他要提高品德修养，说话真诚而守信，做事踏实而认真，多听多看各种言行，把疑惑的、不妥的放到一边，选择有信心、有把握的事情去做好。子张请教三百年后的制度可否推知时，孔子告诉他，礼、乐、法度等等，会配合时代的需要进行调整损益，然而人性是相近的，所以制度的制定有其普遍的准绳。当子张请教推动政务的办法时，孔子详细地教导他处处替百姓设想。总之从"子张学干禄"中，我们可以想见孔子是如何将"东周梦"与个人生活、工作、实践做到完美地结合的。

子张对政治的热衷追求，孔子又何尝不是这样？"东周梦"可谓是孔子一生苦苦孜孜的原动力。

孔子说他"十五有志于学"。《说文》："仕，学也；宦，仕也。"汉朝以前，学与仕不分。孔子"志于学"，就是"立志"要做官。从"十五有志于学"立定目标走"学而优则仕"的道路以来，经过刻苦努力，"三十而立"，也就是学有所成，基本上获得了从政做官的本领。可惜从政的机缘一直未至，于是他就走上了另外一条道路，即收徒讲学，这也成就了他万世师表之名。孔子三十五岁那一年，即鲁昭公二十五年（公元前 517 年），鲁国统治集团发生内讧。鲁昭公为了公室的生存，图谋打击执政者季平子，结果在季孙氏、叔孙氏、孟孙氏三家联盟下大败逃亡齐国。本来对从政满怀希望的孔子，见到"鲁乱"没有机会，就跑到齐国寻找门路，想得到齐景公的信用。司马迁描写说："孔子适齐，为高昭子家臣，欲以通乎景公。"① 通过高昭子的引荐，孔子见到了齐景公。据《史记·孔子世家》记载，齐景公曾两度向孔子问政。孔子一次回答说"君君臣臣父父子子"，另一次说"政在节财"。齐景公本欲打算重用孔子，但在晏婴等权臣的反对下作罢。在齐三年，孔子非但没有得到重用，反而引起了齐国一些掌权人物的忌惮，他们"欲加害孔子"，孔子空梦一场，匆忙离齐返鲁。从齐国逃回鲁国后，孔子继续办学。因为在齐从政挫折的打击，此后好多年，孔子再也没有从事任何实际求官的政治活动，而是把主要精力放在培养自己学生上面。从"三十而立""四十不惑"一直到"五十而知天命"，孔子

---

① （汉）司马迁撰：《史记·卷 47　孔子世家第十七》，第 1910 页。

在开堂授徒同时，并没有停止他的政治求索。在这期间，鲁昭公困死国外，季氏继续专权，季氏家臣阳虎通过控制季氏家政进而干预鲁国国政，形成"陪臣执国命"的局面。鲁定公八年（公元前 502 年），孔子五十岁那年，阳虎失败出走，孔子终于等到了出山从政的机会。"其后，定公以孔子为中都宰，一年，四方皆则之；由中都宰为司空，由司空为大司寇。"①孔子在鲁国为官期间，相鲁定公"会齐侯于夹谷"，挫败齐国的阴谋，取得了外交斗争的胜利；为大司寇，杀少正卯；"与闻国政三月""鲁国大治"。最后，在集权公室的斗争中，孔子"堕三都"计划失败，失去了鲁国掌权贵族的支持，被迫离鲁出走。这一年，孔子已经五十五岁了。此后，孔子师徒在外流亡十四年，辗转各国，希望得到见用，可都是到处碰壁。六十八岁那年，孔子才被允许回到鲁国，这个时候，鲁定公与季桓子都已先后去世。晚年的孔子，并没有再谋求一个政治舞台上的什么具体职务，而是将自己身心全部沉浸于授徒讲学和研究学问之中，留下读《易》而"韦编三绝"的千古佳话。

　　孔子的一生，遇到了重重困难，坎坷而艰辛，但他目标明确，执着而坚定，知其不可为之。为了实现"有道之世"，孔子师徒曾经遭遇过很多的危险与刺激。如由卫适陈、过匡，

---

　　①　（汉）司马迁撰：《史记·卷 47　孔子世家第十七》，第 1915 页。

"匡人以为阳虎而拘之"。由曹适宋，"司马桓魋欲杀之"。
而"在陈绝粮"，则是几乎连随行的人都一齐饿死。至于所
受的讥笑谩骂、冷嘲热讽，那就更是多不胜数了。有骂他如
"丧家之犬"的，有说他是"四体不勤，五谷不分的"，也
有认为他是"知其不可而为之"的。流亡途中迷路，孔子派
人"问津"，对方不但不以"津"相告，反而讥笑说："滔滔
者天下皆是也，而谁以易之？"虽然如此，孔子并不气馁。只
有在"陈蔡之厄"时，因见"弟子有愠色"，孔子才发牢骚
说："吾道非耶！吾何为于此？"但是经过颜渊的一番温辞劝
慰，他又"欣然而笑"了。

　　应该看到，孔子之热衷于求仕，并不是为了个人"追名
逐利"的目的，而是要寻找一个可以施展才能的机会来改变
"天下无道"的局面。所以他一听到"而谁以易之"这句话，
便断然表示："天下有道，丘不与易也！"[①] 就是说，正因为
他是处在"无道之世"，所以才非要起而"易之"不可。如
何"易"？他说："天下有道，则礼乐征伐自天子出；天下无
道，则礼乐征伐自诸侯出。"[②] 这就是主张把治天下的大权还
归于周天子。这是中央集权的大一统思想。孔子以"霸诸侯，
一匡天下"[③] 来称赞管仲，也是这种思想的表现。而后来孟子

---

①　程树德撰：《论语集释·卷36　微子上》，第1270页。
②　程树德撰：《论语集释·卷33　季氏》，第1141页。
③　程树德撰：《论语集释·卷3　宪问中》，第989页。

所提出的"定于一"①的政治主张，就是继承和发展了孔子的这种思想。

孔子有着伟大的政治理想与政治目标，想要达到"天下归仁"的理想境界，并有将此付诸实践的政治智慧与治理才能。但是，当时乱世的客观形势却没有给他施展才华的机会与舞台，他只有三四年的时间处于鲁国政治舞台比较中心的位置，其他时间最多也只是一个政治"边缘人"。尽管孔子充满"如有用我者，我其为东周乎"的自信，洋溢着"天生德于予"与"文不在兹乎"的历史使命感，然而在现实追求中却处处碰壁。各国当政者也就将他作为一个装饰门面的招牌，并不想用他来改革与推动历史的前进。治世的理想没能实现，对他可谓是一个凄婉的悲剧。不过，他的信念始终都没有改变，现实再残酷也没能使他降低对理想目标标准的设定与追求。一个人在逆境中执着了一辈子，严以律己、宽以待人，自强不息，不怨天，不尤人，不变节，不移志，学而忘忧，诲人不倦，不见风使舵，不追名逐利，为了实现"东周梦"，一生"知其不可而为之"，"虽九死其犹未悔"。在这方面，孔子可以说是中国两千多年来最高尚的文化理想主义者的一个典型。

---

① （清）焦循撰：《孟子正义·卷 3·梁惠王章句上·六章》，第 71 页。。

第四章　孔子的社会治理

孔子的社会治理思想主要表现在对人的正确价值观念的引导以及对应该遵从的社会秩序的开化上面。作为中国文化的基本精神，"和"既是理解世间事物万象的价值观，也是调节国家社会乃至家庭与个人的原则方法和处世态度，是统合人世万事万物多样矛盾的独特思想观念，是破译传统文化的密码和个体安身立命的根本。孔子的所谓"必也正名"，就是希望人们扮演好自己的社会角色，各就其位，各谋其事，约之以礼，不要僭越，其实就是建立一种秩序与规范。孔子的社会治理学说，其核心点就是用"仁"修身，以"礼"正身，尊礼敬德，确立稳定正常的社会秩序和形成人们应该遵守的社会道德规范。

一、"和为贵"

"和"是孔子所倡导的伦理、政治和社会准则，是孔子对人与人之间、人与社会之间、人与自然之间如何相处的一种积极的探索。

作为中国文化的基本精神，"和"既是理解世间事物万象的价值观，也是调节国家社会乃至家庭与个人的原则方法和处世态度，是统合人世万事万物多样矛盾的独特思想观念，是破译传统文化的密码和个体安身立命的基本。

"和为贵"的治理思想是孔子的学生有若提出来的。

> 有子曰："礼之用，和为贵。先王之道，斯为美，小大由之。有所不行，知和而和，不以礼节之，亦不可行也。"①

有若说："礼的应用，以和顺为可贵。从前圣明君王治理国家的方法，这一条做得很好，无论小事大事都按这一条去做。但是也有不能实行的，那是只知道和顺可贵而一味地和顺，不用礼法去节制约束它，也就行不通了。"有若认为，礼的应用以和顺为贵，但和顺必须以礼法为基础，如果离开礼法去讲和顺，那就会行不通而出现问题。尽管这段话出自有若之口，但它实际上反映出孔子思想的精神。这就是说，

---

① 程树德撰：《论语集释·卷2 学而下》，第46—47页。

"和"是社会治理的一种必要手段，是帮助礼实现社会在等差条件下的和谐。从礼乐文化的深层内涵而言，乐的"和"是实现"礼"的主要手段。"和"既是"礼"的手段，也是"礼"的目的。

尽管孔子对"中庸之道"推崇备至，但孔子所追求的最高境界还是"中和"。一般认为，仁、礼、中庸为孔子思想的基本范畴。在孔子的思想结构中，以"仁"为支柱的修己之学与以"礼"为支柱的治人之学，被以"中庸"为基本原理的"中和论"有机地结合成为一个完整的体系。其中"修己"是"治人"的前提和条件，"治人"是"修己"的目标和归宿，而"修己"和"治人"两大部分思想内容的构建又是以"中庸"为基本原理的，"和"是完成整体构建的方法论原则和标准。[①]

《礼记·儒行》中说："礼之以和为贵，忠信之美。"[②]在孔子及先秦儒家看来，作为治国安邦之本无所不在的礼，其出发点和归宿处就是和，只要消弭纷争、僭越、动荡、斗讼、战乱等社会弊害，归之宁静同一的和谐状态，那么礼的宗旨和功能就实现了。所以，"和也者，天下之达道也"。[③]"和"便成

---

① 参见韩星著：《走进孔子——孔子思想的体系、命运与价值》，福建教育出版社 2017 年版，第 124 页。

② （清）阮元校刻：《礼记正义·卷第 59·儒行第四十一》，第 3625 页。

③ （清）阮元校刻：《礼记正义·卷第 52·中庸第三十一》，第 3527 页。

为儒家先哲们确立的定社稷、序万民、修德业的大德关键。

《礼记·乐记》中说："大乐与天地同和，大礼与天地同节。和，故百物不失。"①礼乐文化就是要人们追求"平和之德"，使得"内和而外顺"。上和天地，天人合一；中和君臣、父子、夫妇，君仁臣忠，父慈子孝，夫礼妇顺；下和四时五声。

《尚书·尧典》称颂古代圣王的德行时说："克明俊德，以亲九族，九族既睦，平章百姓，百姓昭明，协和万邦。"②《尚书》是孔子治理思想的重要来源之一。"克明俊德""平章百姓"是孔子启迪人们通过道德修养和教化来"修身、齐家、治国、平天下"的最佳模式，孔子想借以实现"协和万邦"的崇高理想。孔子作《易传》，提倡和谐思想，提出"太和"是至高无上的和谐的观念，讲"乾道变化，各正性命，保合太和，乃利贞"③。《中庸》的"万物并育而不相害，道并行而不悖"④，恰恰就体现出了孔子所构想的"太和"境界。

春秋时期思想家晏婴和史伯就"和"与"同"概念的界定曾有经典阐述。晏婴说："和如羹焉。水火醯醢盐梅以烹鱼肉，燀之以薪，宰夫和之，齐之以味，济其不及，以泄其过，君

---

①　（清）阮元校刻：《礼记正义·卷第37·乐记第十九》，第3316页。

②　（清）阮元校刻：《尚书正义·卷第2·虞书　尧典》，第250页。

③　（清）阮元校刻：《周易正义·卷第1·乾》，第23—24页。

④　（清）阮元校刻：《礼记正义·卷第53·中庸》，第3547页。

子食之，以平其心。君臣亦然。君所谓可，而有否焉，臣献其否，以成其可；君所谓否，而有可焉，臣献其可，以去其否。是以政平而不干，民无争心……声亦如味，一气、二体、三类、四物、五声、六律、七音、八风、九歌，以相成也；清浊、小大、短长、疾徐、哀乐、刚柔、迟速、高下、出入、周疏，以相济也。君子听之，以平其心，心平德和。"① 史伯则说："夫和实生物，同则不继。以他平他谓之和，故能丰长而物归之，若以同裨同，尽乃弃矣。"② 透析二人上述对话可以看出，和是一种综合系统，是多种不同因素、不同成分以一定方式结合浑然一体的状态。它并非单个因素或单一成分孤立的存在或简单的相加，是多种滋味的合一和不同成分之和，需要"济其不及，以泄其过"，去掉各个成分的过与不及，以达到"心平气和""政平而不干"，又需要不同成分的"相成""相济"，"献其否以成其可"，"献其可以去其否"。换言之，"和"不仅是指和谐、和平，也含有互补、合作之意。进而言之，"和"是宇宙万物存在的基础，或者说是万物存在的普遍形式。"和实生物，同而不继"，不同成分、不同因素相互作用，以一定的关系相联结，才形成万物。大千世界都是内部包含着不同因素、不同成分的统一体，包含着矛盾对立的系统——"和"。

---

① （清）阮元校刻：《春秋左传正义·卷第49·昭公二十年》，第4546—4549页。

② （春秋）（旧题）左丘明撰，徐元诰集解，王树民、沈长云点校：《国语集解·郑语第十六·桓公为司徒》，中华书局2002年版，第470页。

如此这样，就不难理解"致中和，天地位焉，万物育焉"的玄奥所在。① 从此种意义上讲，"和"就是表示一种浩大的存在系统，它是对系统的描述和把握，更是对人类社会人与人之间和谐关系的昭示与要求。因为，人和才能政通，反之亦然，治国理政的目标之一就是"和其民"。② 孔子用"和"来教化世人，其原因也许正在于此。

二、"名正言顺"

《论语·子路篇》中记载了孔子与子路这样一段有趣的对话：

> 子路曰："卫君待子而为政，子将奚先？"子曰："必也正名乎！"子路曰："有是哉，子之迂也！奚其正？"子曰："野哉，由也！君子于其所不知，盖阙如也。名不正则言不顺，言不顺则事不成，事不成则礼乐不兴，礼乐不兴则刑罚不中，刑罚不中则民无所措手足。故君子名之必可言也，言之必可行也。君子于其言，无所苟而已矣。"③

---

① 参见吴毅、朱世广、刘治立著：《中华人文精神论纲》，人民出版社2011年版，第316—317页。

② （清）阮元校刻：《春秋左传正义·卷第3·隐公四年》，第3745页。

③ 程树德撰：《论语集释·卷26　子路上》，第885—893页。

子路向孔子请教："卫国的国君等着您去治理政事，您打算先做什么？"孔子说："一定是先正名啊！"子路说："您竟迂腐到这种地步！为什么要正名呢？"孔子说："仲由，你真不懂事！君子对他所不懂的事情，大都采取存疑的态度。名分不正，说话就不能顺理成章；说话不能顺理成章，事情就办不成；事情办不成，礼乐就不能兴起；礼乐不能兴起，刑罚就不能得当；刑罚不当，老百姓就会无所适从。所以治理政事者一定要言出合于礼，能够实行，而不能有一点随随便便。"

上述这段对话的背景是，孔子第二次来到卫国，已在卫国做官的子路问孔子，如果卫国国君请孔子治理政事，孔子首先会做什么。孔子说正名，子路觉得孔子很迂腐，在那个战乱的年代谁还正名，而后孔子对子路进行了一番说教，提出"名不正则言不顺，言不顺则事不成"，"礼乐不兴则刑罚不中，刑罚不中则民无所措手足"的观点，强调了重建政治秩序和复兴礼乐对于治理国家的重要性。

孔子的所谓"必也正名"，就是希望社会中各色人等，各就其位，各谋其事，恪守礼治，不要僭越，说到底就是建立一种秩序与规范。从治理意义上说，孔子的整个学说，就是一种确立秩序与规范的学说。

孔子学说的重要载体是"礼"，礼的本质就是肯定某种秩序的合理性。面对礼崩乐坏、相互攻伐的现实状况，孔子极力主张构建君君、臣臣、父父、子子的社会秩序。孔子所处的时代，周天子的地位已经严重下降，五霸迭兴，虽然周天子仍有天子之名，但已无天子之实权，成为任由诸侯霸主摆布的招牌与工具，天子、诸侯、大夫的上下、尊卑等级关系被打乱。依照孔子对理想社会的理解，此时的天下已经"无道"。"无道"就是乱世，与孔子的理想社会渐行渐远。在这种情况下，孔子竭力主张"正名"，修正各种不符合礼制规定的等级名分的现象。

针对当时天下"名实不符"、弑君弑父、犯上作乱层出不穷的现状，孔子要求人们不做不符合自己名分的事情，将社会恢复到"君君、臣臣、父父、子子"的一种有序状态。孔子的"正名"是其理想社会的基础，是建立秩序和规范的前提，是维护礼乐制度的必要手段，类似于现代社会公民的权利义务关系，在什么样的位子上拥有什么样的权利，同时要履行相应的义务。在其位，谋其政。"不在其位，不谋其政。"①"君子思不出其位。"②

胡适认为："'正名'的宗旨，只要建设是非善恶的标准……这是孔门政治哲学的根本理想。"③"名位不同，礼亦异数。"④孔子作《春秋》就是为了正名，正如庄子所说："《春

---

① 程树德撰：《论语集释·卷16　泰伯下》，第541页。
② 程树德撰：《论语集释·卷29　宪问中》，第1008页。
③ 蔡尚思主编：《十家论孔》之"胡适论孔子"，上海人民出版社2006年版，第105页。
④ （清）阮元校刻：《春秋左传正义·卷第9·庄公十八年》，第3848页。

秋》以道名分。"①

林语堂认为："孔子学说实际上常被称为'名教'或即为'名分的宗教'。名称是一个符号，所以给予人表明各个在社会上所处的一定的地位，即身份，更表明其与别个人的关系。缺乏一个名号，或在社会关系中的定限，一个人就不知道他自己的本分，从而也不知道怎样控制他的行为。孔子的理想便是这样，倘使每个人知道自己的本分，而其行动适合于自己的地位，则社会秩序便能有把握地维持。"②

孔子主张正名，有几件事颇具代表性。

其一，诛杀少正卯。

此事史书多有记载。《史记·孔子世家》说：

> 定公十四年，孔子年五十六，由大司寇行摄相事，有喜色。门人曰："闻君子祸至不惧，福至不喜。"孔子曰："有是言也。不曰'乐其以贵下人'乎？"于是诛鲁大夫乱政者少正卯。③

在《孔子家语·始诛》中对这一事件记载得较为详细：

> 孔子为鲁司寇，摄行相事，有喜色。仲由问曰："由闻君子祸至不惧，福至不喜，今夫子得位而喜，何也？"孔子

① （清）郭庆藩撰：《庄子集释·卷 10 下　天下第三十三》，第 1067 页。
② 林语堂著：《吾国与吾民》，江苏文艺出版社 2010 年版，第 178 页。
③ （汉）司马迁撰：《史记·卷 47　孔子世家第十七》，第 1917 页。

曰："然，有是言也。不曰'乐以贵下人'乎？"于是朝政七日而诛乱政大夫少正卯，戮之于两观之下，尸于朝三日。

　　子贡进曰："夫少正卯，鲁之闻人也，今夫子为政而始诛之，或者为失乎？"孔子曰："居，吾语汝以其故。天下有大恶者五，而窃盗不与焉。一曰心逆而险，二曰行僻而坚，三曰言伪而辩，四曰记丑而博，五曰顺非而泽。此五者，有一于人，则不免君子之诛，而少正卯皆兼有之。其居处足以撮徒成党，其谈说足以饰褒荣众，其强御足以反是独立，此乃人之奸雄者也，不可以不除。"①

　　这段对话说，孔子从大司寇被任命为代理宰相，七日内就把在鲁国很有名望的少正卯给杀了。子贡问孔子这样做是否会失掉人心？孔子告诉了子贡原因。孔子认为，人有五种罪恶，盗窃不包括在内，第一是思想明白通达但心地却十分险恶。第二是行为邪僻而且顽固。第三是言论错误而又头头是道。第四是记诵怪异的事，而且记得非常广博。第五是顺应错误的东西还极力为这些东西粉饰。这五种罪恶中具备一种，就难逃君子的诛杀，而少正卯兼而有之。他的言论混淆是非、颠倒黑白、迷惑大众，而且自行其是，是人中奸雄，不能不杀。我们或许能够想象得到孔子在说这些话时的愤怒之情，因为，像少正卯这样的作为，是和孔子主张的"正名"

① （清）陈士珂辑：《孔子家语疏证·卷1　始诛二》，第10页。

正好背道而驰，且很有可能在少正卯周围聚集了一批"政治异见者"。孔子运用手中的权力杀掉乱名违礼、扰乱社会秩序之人，完全符合逻辑。

其二，孔子的"正名"也体现在对国君之妻的称谓上。

《论语·季氏篇》说：

> 邦君之妻，君称之曰夫人，夫人自称曰小童；邦人称之曰君夫人，称诸异邦曰寡小君；异邦人称之亦曰君夫人。[①]

这是对国君的妻子如何称呼的说明。孔子强调夫人的称谓，其实就是强调"正名"，因为这不仅仅是称谓问题，最终关乎的是君位继承问题。依照礼制，君位继承应严格执行西周以来创立的"嫡长子继承制"，嫡妻所生的长子才是嫡长子，"天子之妃曰后，诸侯曰夫人。"[②] 那么，在诸侯国中，夫人之长子有天生的合法性继承君位，其他妾等所生之子是没有这种权力的。这样推导下去，严格称谓就是严格礼制的规定，就是严格政治秩序。

其三，孔子告诉弟子们，做事一定要恪守礼制规矩，不可随心所欲。

何事该做，何事不该做，都需名正言顺。《韩非子》记载

---

① 程树德撰：《论语集释·卷33　季氏》，第1170—1171页。
② （清）阮元校刻：《礼记正义·卷第5·曲礼下》，第2743页。

了这样一件事：

季康子任鲁国的相国，任命子路做了邱县的县令。鲁国发动民众开挖河道，工程进行的过程中，子路拿自己的粮食做成稀饭，邀请开挖河道的民众吃。孔子听说后，就派子贡去把稀饭倒掉，说，这些民众都是属于国君的，你为什么要给他们饭吃？秉性刚烈的子路找到孔子，质问孔子，先生忌恨我施行仁义么？我从您这儿学到的就是仁义。仁义就是和天下人共同占有自己所拥有的东西并一起分享这些东西，现在我用自己的粮食做饭给民众吃，为什么不可以呢？孔子说了如下一段话：

> 由之野也！吾以女知之，女徒未及也。女故如是之不知礼也！女之餐之，为爱之也。夫礼，天子爱天下，诸侯爱境内，大夫爱官职，士爱其家，过其所爱日侵。今鲁君有民而子擅爱之，是子侵也，不亦诬乎？ ①

这几句话的关键在于，"夫礼，天子爱天下，诸侯爱境内，大夫爱官职，士爱其家，过其所爱日侵。"礼制明确规定，天子应该爱天下的人，诸侯应该爱国内的人，大夫应该爱自己的官职，士应该爱自己的家庭，如果超过了自己应该爱的范围就叫作侵犯。这是孔子给鲁莽的子路讲礼制，告诫他，你的行为已经僭越了，是在侵犯君主，是胡作非为。在

---

① （清）王先慎撰：《韩非子集解·卷13·外储说右上第三十四》，第314页。

一般人看来，子路的作为，是值得肯定的，拿自己的粮食给民众做饭吃，岂不是在帮国君！但这种朴素的行为却违反了礼制，也有颠覆社会秩序之嫌，故遭到孔子的教训。

这个事件的后续情况是，孔子教诲子路的话还没说完，季康子派的使者就已经到了。使者责问孔子，我们主人发动民众让他们服劳役，先生您却派学生招呼他们吃饭，是要和我们争夺民众吗？孔子无言以对，随后驾着车子离开了鲁国。这件事情说明，爱人也是不能随随便便的，必须符合礼制的规定。

其四，孔子最是反对以下犯上的僭越之举。

在孔子看来，礼所规定的名分等次是绝对不可僭越的。

据《左传·成公二年》记载："既，卫人赏之以邑，辞。请曲县、繁缨以朝，许之。"这件事说的是公元前589年，因为新筑大夫仲叔于奚，在一次齐卫之战中救了卫军统帅孙桓子，卫国赏其采邑，仲叔于奚不要，反而要求允许他在朝见时使用一次诸侯所用的乐队和马饰。卫侯同意了他的请求，至此，事情已经很明白了，大夫僭越享受诸侯的待遇，有违礼制。孔子在谈到这件事时说道："惜也，不如多与之邑。唯器与名，不可以假人，君之所司也。名以出信，信以守器，器以藏礼，礼以行义，义以生利，利以平民，政之大节也。若以假人，与人政也。政亡，则国家从之，弗可止也已。"①究孔

---

①　（清）阮元校刻：《春秋左传正义·卷第25·成公二年》，第4111页。

子所言，可理解其意，孔子认为，大夫使用诸侯的名号，这是僭越之举，如果不加以纠正，发展下去就会政亡、国亡。

直到晚年，孔子在行动上仍然在竭力维护他的"正名"主张。有两件事可以说明这一点。

第一件事是"季氏八佾舞于庭"。

季氏八佾舞于庭，孔子愤愤然："是可忍也，孰不可忍也？"①因为周礼规定，天子用八佾，诸侯用六佾，大夫用四佾，士用二佾。季氏作为大夫，依礼只能用四佾，他却越级用八佾，孔子认为这是一种不能容忍的僭礼行为。

第二件事是"陈成子弑简公"。

齐国的执政大夫陈恒杀了齐国国君简公，这是一种弑君行为，已经年迈的孔子听说后，立刻"沐浴而朝"，去见鲁国国君鲁哀公，请求出兵讨伐陈恒，鲁哀公的答复是："告夫三子！"就是让孔子去向季孙、仲孙和孟孙三人报告。孔子退出来后说："以吾从大夫之后，不敢不告也。君曰'告夫三子'者！"孔子又去报告三位大臣，三位不肯出兵。孔子曰："以吾从大夫之后，不敢不告也。"②结果孔子未能如愿，因为此时的孔子在政治舞台上已经无足轻重了，他的话也就不能对现实政治产生什么影响。但孔子这种维护"有道秩序"的信念从未改变。事实上，齐简公很平庸，陈恒治齐，很有成效，只是因为在名分上齐简公

---

① 程树德撰：《论语集释·卷5　八佾上》，第136页。

② 程树德撰：《论语集释·卷29　宪问中》，第999页。

是君，陈恒是臣，陈恒弑简公，孔子就认为陈恒违背了礼制，所以竭尽所能希望动用鲁国力量讨伐陈恒，但未能如愿。我们现在只能为孔子"知其不可为而为之"的执着精神感慨嘘唏。事实上，任何社会，不论是什么样的执政者，都希望自己统治下的社会井然有序，而不是天下大乱。以孔子为代表的儒家主张的"克己复礼""必也正名"，就是要恢复和建立社会统治秩序，使社会尽快摆脱无序状态，并最终达到"天下有道"的目的。[①]

---

① 参见胥仕元著：《先秦儒道墨理想社会思想研究》，人民出版社2018年版，第37—43页。

第五章　孔子的治国理念

孔子主张以德治国，强调道德在政治生活中的重要作用，主张国家政治应该与个人道德实践相结合，甚至认为政治的根本问题就是如何保障民众道德的实践问题。国家治理是孔子的核心思想体系，而这个核心中的各个环节则是由"礼"来贯穿起来的。孔子说："礼，经国家，定社稷，序民人，利后嗣者也。""民之所由生，礼为大。非礼无以节事天地之神也，非礼无以辨君臣、上下、长幼之位也；非礼无以别男女、父子、兄弟之亲，婚姻、疏数之交也。"可以说，在孔子的整个治理思想体系中，"礼"占据着决定性的地位。此外，孔子谈治理国家，并不否认刑罚的作用。他将德与刑视为国家治理中的两手，主张两手并用，先德后刑、以德去刑。

一、以德治国

孔子主张践行周公"以德治国"的政治主张。

《礼记·哀公问》记载了孔子与鲁哀公这样一段对话：

> 孔子侍坐于哀公。哀公曰："敢问人道谁为大？"孔子愀然作色而对曰："君之及此言也，百姓之德也，固臣敢无辞而对：人道政为大。"公曰："敢问何谓为政？"孔子对曰："政者，正也。君为正，则百姓从政矣；君之所为，百姓之所从也；君所不为，百姓何从？"公曰："敢问为政如之何？"孔子对曰："夫妇别，父子亲，君臣严，三者正，则庶物从之矣。"公曰："寡人虽无似也，愿闻所以行三言之道，可得闻乎？"孔子对曰："古之为政，爱人为大，所以治爱人；礼为大，所以治礼；敬为大，敬之至矣，大昏为大，大昏至矣。大昏既至，冕而亲迎，亲之也。亲之也者，亲之也。是故君子兴敬为亲，舍敬是遗亲也。弗爱不亲，弗敬不正。爱与敬，其政之本与。"①

孔子陪坐在鲁哀公身边。哀公问："请问治理人的办法最重要的是什么？"孔子肃然改变容色而回答说："君问到这样的问题，是百姓的福气啊。因此臣怎敢不回答。治理人的办法，最重要的是行政。"哀公说："请问什么是行政？"孔子

---

① （清）阮元校刻：《礼记正义·卷第50·哀公文第二十七》，第3497页。

回答说："政，是正的意思。国君实行正道，百姓就服从政教了。国君所做的，就是百姓遵从的榜样。国君不做，百姓遵从什么？"哀公说："请问行政应该怎样？"孔子回答说："夫妇有别，父子相亲，君臣庄重。这三种关系端正了，各种事情就都从而上正道了。"哀公说："我虽没有德才，也很愿意听听用以实行那三句话的办法，能够说给我听吗？"孔子回答说："古人行政，把爱别人看得最重要。所用以爱别人的，行礼最重要。所用以行礼的，敬意最重要。敬意的最高标准，在于重视国君的婚礼。重视国君的婚礼就是敬意的最高表现。重视国君的婚礼既然是敬意的最高表现，国君娶妻的时候，就要身穿冕服前往迎亲，这是表示亲自迎娶妻。亲自迎娶妻，就是表示对妻的亲爱之情。因此君子以彼此相敬为亲，舍弃了敬业就舍弃了亲。不爱就不亲，不敬就不可能行正道。爱和敬，可以说是行政的基础吧。"

　　由上述孔子与鲁哀公的这段对话内容，我们多少可以看出孔子"为政以德"的一些具体内容。

　　孔子之所以主张以德治国，是因为他十分强调道德在政治中的作用，主张国家政治应该与个人道德实践相结合，甚至认为政治的根本问题就是如何保障民众道德的实践问题。

　　第一，孔子认为，德政是统治者影响民众和获得民众支持的根本所在。

孔子说："为政以德，譬如北辰，居其所而众星共之。"①统治者自身应具备良好的道德品质，依据优良的道德品质治理国家，以优良的道德品质影响民众，就可以获得民众在心理上与实际行动上的支持。

在《论语·为政篇》里，孔子提出："道之以政，齐之以刑，民免而无耻；道之以德，齐之以礼，有耻且格。"②孔子认为，不懂得用礼的基本精神来治理国家，礼制本身也就失去了意义。他说："能以礼让为国乎，何有？不能以礼让为国，如礼何？"③礼治的关键是要懂得以道德品质为基础的礼让。

第二，在政治诸因素中，孔子很注重执政者的表率作用。

孔子把治理国家的过程看作是一个民众道德化的过程，十分强调领政者自己在政治实践中以身作则的表率作用。关于这个问题，《论语》中很多地方对此都有记载。如，"季康子问政于孔子。孔子对曰：'政者，正也，子帅以正，孰敢不正？'"又说："子为政，焉用杀？子欲善而民善矣。君子之德风，小人之德草。草上之风，必偃。"④孔子还说过："其身正，不令而行，其身不正，虽令不从。""苟正其身矣，于从政乎何有？不能正其身，如正人何？"⑤"君子笃于亲，则

---

① 程树德撰：《论语集释·卷3　为政上》，第61页。

② 程树德撰：《论语集释·卷3　为政上》，第68页。

③ 程树德撰：《论语集释·卷8　里仁下》，第255页。

④ 程树德撰：《论语集释·卷25　颜渊下》，第866页。

⑤ 程树德撰：《论语集释·卷26　子路上》，第911页。

民兴于仁。"① 有人问孔子："子奚不为政？"孔子说："《书》云：'孝乎惟孝，友于兄弟，施于有政。'是亦为政，奚其为为政？"② 在孔子看来，从政不一定必须做官，宣传孝道就是参政。所以有子说："其为人也孝弟，而好犯上者，鲜矣；不好犯上而好作乱者，未之有也。"③ 曾子也说："慎终，追远，民德归厚矣。"④

第三，在孔子看来，君臣之间不只是权力制约关系，而且要靠礼、忠、信等道德来维系的一种伦理关系。

孔子说："君使臣以礼，臣事君以忠。"⑤ "所谓大臣者，以道事君，不可则止。"⑥ 这种关系维系的主要纽带便是执政者、管理者之间都要遵守一定的道德准则，依据"仁""礼"扮演好自己的角色，各自做好自己的事情。君主应该待臣以礼，待臣以信，待臣以情；臣僚应该事君以忠，事君以道，"敬其事而后其食"⑦。

第四，孔子主张，培养官僚不是首先讲如何学会政治之道，而是要首先从事道德训练与良好品质的培养。

《论语·阳货篇》记载了这样一个有趣的故事：

---

① 程树德撰：《论语集释·卷 15　泰伯上》，第 515 页。
② 程树德撰：《论语集释·卷 4　为政下》，121 页。
③ 程树德撰：《论语集释·卷 1　学而上》，第 10 页。
④ 程树德撰：《论语集释·卷 2　学而下》，第 37 页。
⑤ 程树德撰：《论语集释·卷 6　八佾下》，第 197 页。
⑥ 程树德撰：《论语集释·卷 23　先进下》，第 792 页。
⑦ 程树德撰：《论语集释·卷 32　卫灵公下》，第 1125 页。

子张问仁于孔子，孔子曰："能行五者于天下为仁矣。"
请问之，曰："恭、宽、信、敏、惠。恭则不侮，宽则得众，
信则人任焉，敏则有功，惠则足以使人。"①

子张向孔子问仁。孔子说："能够处处实行五种品德，
就是仁人了。"子张说："请问哪五种？"孔子说："庄重、宽
厚、诚实、勤敏、慈惠。庄重就不会致招致侮辱，宽厚就能
得到众人的拥护，诚信就能得到别人的任用，勤敏就会提高
工作效率，慈惠就能够很好地使唤人。"

上述这个故事充分说明了孔子对从政人才品德方面的重
视。孔子把政治视为道德的延伸和外化，希望统治者能够做
到政教合一、为政以德。这一认识，对中国后世历代官僚制
度的建设具有重要的指导意义。

第五，在治国理政上，孔子很重视"德才兼备"，重视官
员"直""德"在治理中的作用，提出过类似贤人政治的观点。

孔子主张德治，但德治必须由人来体现，来实行，因而
其政治思想必然强调人在政治中的作用。人定法，人执法。
有了人，才能制定良法，执行良法，使社会安定，国家昌盛
长久。"文武之政，布在方策。其人存则其政举，其人亡则
其政息。"所以孔子的结论是"为政在人"。孔子认为，当政
者都要以文王、武王为榜样，律己严，施仁政，言必信、行

---

① 程树德撰：《论语集释·卷34　阳货上》，第1199页。

必果、要善于考察和选用官吏，用以作为实施治理国家的基础，才能求得统治者的长治久安。

在选拔德才兼备的人才问题上，孔子说："举直错诸枉，则民服。"① 即把正直的人提拔到奸佞的人的上面，这样就能使百姓服从。相反，如果"举枉错诸直"，让奸佞之人高踞正直、贤良的人之上，民众就不会服从。有一次，樊迟请教孔子什么叫"知人"，孔子说："举直错诸枉，能使枉者直。"孔子认为重用正直的人，置其于奸佞之人之上，还能使奸佞之人也变得正直起来。子夏进一步解释说："舜有天下，选于众，举皋陶，不仁者远矣，汤有天下，选于众，举伊尹，不仁者远矣。"② 对于贤人的标准，孔子说："志于道，据于德，依于仁，游于艺。"③ 既要有良好的道德品质，又要有一技之长。也就是德才兼备。孔子还提出了举贤之途，即"学而优则仕"。孔子反对樊迟学稼，因为他认为学稼不足以治民，只有礼义才能治民。孔子主张出仕任官一定要具备礼乐知识的修养。他认为出身于社会下层的人，首先学习了礼乐知识，然后才能入仕；而出身于卿大夫世家的贵族子弟，入仕后也必须学习礼乐知识。孔子"学而优则仕"的举贤观，明确反对商周以来的世卿世禄制度。在孔子的弟子中，孔子

① 程树德撰：《论语集释·卷4　为政下》，第117页。
② 程树德撰：《论语集释·卷25　颜渊下》，第874页。
③ 程树德撰：《论语集释·卷13　述而上》，第443页。

认为冉雍虽然出身贫微，但有德行，"雍也可使南面"；仲弓可担任一个地方或部门的长官；子路，如果有一千辆兵车的国家，可负责兵役和军政方面的工作；冉求，可做千户人口的县的县长，或有一百辆兵军的大夫封地，可叫他做总管；公西赤，可以穿着礼服，立于朝廷之中，接待外宾，办理外交；等等。他认为弟子中凡学而优者，皆可以量才而用。孔子反对商周以来的世卿世禄制度，强调从文化素质较高的人中选拔国家官吏的思想，在当时具有一定的进步意义，对后世影响也极为深远。

二、以礼治国

国家治理是孔子的核心思想体系，而这个核心中的各个环节则是由"礼"来贯穿起来的。可以说，在孔子整个思想体系中，"礼"占据着决定性的地位。

从历史上看，孔子"祖述尧舜，宪章文武"①，处处称道周礼。而周礼，是用严格区别亲疏、贵贱、尊卑、上下、男女、长幼等一整套系统的封建制度、宗法制度、贵族等级制度、财产分配原则以及伦理道德规范组建起来的，是维护和巩固周王朝国家统治的重要工具。维护周礼是孔子政治活动

---

① （清）阮元校刻：《礼记正义·卷第53·中庸》，第3547页。

和思想学说的出发点，其目的是恢复和维护周初周公制定的一系列国家政治制度与稳定有序的社会秩序。

第一，从政治思想看，孔子主张以礼治国，其目的为挽救礼坏乐崩，恢复西周时期的礼乐制度。

第二，从经济思想看，孔子要人们严格遵守礼的规定，接照自己的等级名分实行财产分配。

第三，从哲学思想看，孔子强调"畏天命"与"克己复礼"。他提出的仁、义、礼、智、信、忠、恕、孝悌、中庸、正名等，显然是复礼的道德手段。

第四，从文艺思想看，孔子主张"兴于《诗》，立于礼，成于乐"①。以乐助礼，"礼节民心，乐和民声。"②

第五，从史学思想看，孔子修《春秋》，"贬天子，退诸侯，讨大夫，以达王事而已矣"，"拨乱世反之正，莫近于《春秋》"③。

第六，从教育思想看，礼也是孔子教育思想的基本点，强调"不学礼，无以立"④，强调"君子博学于文，约之以礼，亦可以弗畔矣夫！"⑤

总之集中到一点，"礼"就是孔子整个思想体系的中心。《论

---

① 程树德撰：《论语集释·卷15　泰伯上》，第529—530页。
② （清）阮元校刻：《礼记正义·卷第37·乐记第十九》，第3315页。
③ （汉）司马迁撰：《史记·卷130　太史公自序第七十》，第3297页。
④ 程树德撰：《论语集释·卷33　季氏》，第1169页。
⑤ 程树德撰：《论语集释·卷12　雍也》，第417页。

语》全书所载孔子的言行，也多集中在"礼"的范围之内。[①]

第一，在孔子看来，礼是治理国家的法宝，是伦理政治的实体。

孔子说："礼，经国家，定社稷，序民人，利后嗣者也。"[②]"民之所由生，礼为大。非礼无以节事天地之神也，非礼无以辨君臣、上下、长幼之位也；非礼无以别男女、父子、兄弟之亲，婚姻、疏数之交也。"[③]

孔子所要实行的礼，不仅包括周代的政治与社会制度，也包括处理人际关系的种种行为规范。

孔子认为，做一个合格的统治者，必须在思想上、行动上符合周礼的规定。

事实上，把礼作为治国之经纬，并不是孔子的发明，孔子之前就已经有之。但孔子重视继承周公的治理国家的精华，把以礼治国作为治国之本，则是毫无疑问的。"为国以礼"[④]，集中表达了孔子对礼在政治中的地位和作用的深刻认识。孔子一生的很大一部分时间都用在恢复周礼的努力上面。因为在他看来，恢复周礼的政治措施即是"正名"，而恢复周礼的思想保证是要求人们在日常生活中贯彻仁的原则。

---

① 参见蔡尚思著：《孔子思想体系》，上海古籍出版社 2013 年版，第 227—228 页。

② （清）阮元校刻：《春秋左传正义·卷第 4·十一年》，第 3370 页。

③ （清）阮元校刻：《礼记正义·卷第 50·第二十七》，第 3496 页。

④ 程树德撰：《论语集释·卷 23　先进下》，第 814 页。

　　孔子信而好古，对传统礼乐文化有渊博的学识和精深的研究。孔子自称"吾从周"，他关于礼的思想是对周礼的全面继承，同时又有所损益。在《论语·为政篇》里，子张问今后十世的礼仪制度是否可知，孔子答道："殷因于夏礼，所损益，可知也；周因于殷礼，所损益，可知也。其或继周者，虽百世，可知也。"在实践中，他也的确有过损益。《论语·子罕篇》里说："麻冕，礼也。今也纯，俭，吾从众。"①意思是说，帽子用麻织，本来是礼的规定，可是现在人们都用丝织品，比用麻织品节省。我也从众，改用丝织。因为这合乎孔子所说的"与其奢也，宁俭"②的原则。

　　礼在周代，具有根本法的性质，作为人的行为规范，已经具有道德准则和社会政治制度的双重含义。礼在孔子那里同样具有双重性。这主要表现在：

　　一方面，礼是社会生活必须遵守的道德规则。孔子要求处处以礼为规范，"博学于文，约之以礼"，要求"非礼勿视，非礼勿听，非礼勿言，非礼勿动"。因为在他看来，"不学礼，无以立"。"不知礼，无以立也"③。所以，孔子对遵礼的要求十分严格，有时甚至达到刻板和迂腐的程度。《论语·八佾篇》记载："子贡欲去告朔之饩羊。子曰：'赐也！

---

①　程树德撰：《论语集释·卷 17　子罕上》，第 571 页。
②　程树德撰：《论语集释·卷 5　八佾上》，第 145 页。
③　程树德撰：《论语集释·卷 39　尧曰》，第 1378 页。

尔爱其羊，我爱其礼。'"①古代秋冬之时，周天子向诸侯颁发第二年的历书，诸侯接受历书后，把它藏于祖庙。每月初一，杀一只活羊到祖庙祭祀，然后回朝廷听政。这种仪式称"告朔"。举行这种仪式时所用的羊称"饩羊"。当时鲁国君主既不亲自去告朔，也不听政，只是让有关部门杀一只活羊应付了事。子贡想去掉这种有名无实的形式，把杀羊一事也免了。孔子则认为，尽管如此，保留这种形式还是比去掉得好。虽然是形式，但毕竟表明这种制度规范还存在，如果连这种形式都去掉了，周王朝的王纲很可能就真的会彻底"礼崩乐坏"了。所以，孔子看到子贡欲去其羊，颇为感慨。

另一方面，礼不仅是社会生活中的行为规范，而且还是个政治规范。为君者好礼，就能治理好民众，"上好礼，则民莫敢不敬"②；"上好礼，则民易使也"③。

孔子甚至把礼提高到治理国家的根本政治制度的重要地位，把礼视为"政之本"。《礼记·经解》说：

> 礼之于正国也，犹衡之于轻重也，绳墨之于曲直也，规矩之于方圜也。故衡诚县，不可欺以轻重；绳墨诚陈，不可欺以曲直；规矩诚设，不可欺以方圜；君子审礼，不可诬以奸诈。是故隆礼、由礼，谓之有方之士；不隆礼、不由礼，

---

① 程树德撰：《论语集释·卷6　八佾下》，第194—195页。
② 程树德撰：《论语集释·卷26　子路上》，第897页。
③ 程树德撰：《论语集释·卷30　宪问下》，第1040页。

谓之无方之民。敬让之道也。故以奉宗庙则敬，以入朝廷则贵贱有位，以处室家则父子亲、兄弟和，以处乡里则长幼序。孔子曰："安上治民，莫善于礼。"此之谓也。[①]

第二，孔子主张以礼治国，要求以礼来辨别等级名分的差异。

把正名与复礼联系起来作为治理之策，先秦诸子百家几乎都有谈论，但要数孔子为最早。孔子说："君君臣臣父父子子。"[②] "非礼无以辨君臣、上下、长幼之位也。"[③] 这就要求每个人确认其在礼仪制度中的身份地位，其视听言行合乎自身的地位身份，所谓"不在其位，不谋其政"也。作为一种治国模式，孔子提出的德治所维护的社会秩序是一种上下有分、尊卑有序的等级社会。这种社会秩序以礼来维系，从天子至于庶人，都应该谨于职守。这就是孔子的以礼治国的主张。

三、德刑并用

在国家治理上，孔子还提出了德刑并用，先德后刑、以德去刑等治理国家的政治主张。

---

① （清）阮元校刻：《礼记正义·卷第50·经解第二十六》，第3494页。
② 程树德撰：《论语集释·卷25·颜渊下》，第855页。
③ （清）阮元校刻：《礼记正义·卷第50·哀公问第二十七》，第3496页。

　　孔子谈治理国家，并不否认刑罚的作用。他将德与刑视为国家治理中的两手，主张两手并用，先德后刑、以德去刑。

　　在治国理政上，孔子首先强调德优于刑，强调道德感化的作用，主张先教后刑。"道之以政，齐之以刑，民免而无耻；道之以德，齐之以礼，有耻且格"。所谓"道之以德"，就是指统治者必须推行德治，表现为宽惠使民，轻徭薄赋，省法轻刑。同时要为民众树立道德榜样，启发民众的心理自觉。所谓"齐之以礼"，一是统治者要模范遵守礼的规定，从而感化和影响群众；二是所有的人都应该用礼来规范自己，用礼来约束自己。这样，道德教化和礼教的结合就能防止犯罪和反叛。行政命令、刑罚手段，只是一种外加的强制和威慑，可以使人畏惧、服从，免陷于罪，但却不能以犯罪为耻，达不到至善的境界。

　　不过，应该指出的是，孔子的德治思想以德为主，当道德与法律发生冲突时，孔子的选择是舍法取德。据《论语·子路》记载："叶公语孔子曰：吾党有直躬者，其父攘羊，而子证之。孔子曰：吾党之直者异于是，父为子隐，子为父隐，直在其中矣。"[1] 其父偷了人家的羊，其子告发，这从法律角度来说是一种正直的行为，但用父慈子孝的道德规范来评价，却是一种有悖道德的行为。孔子主张父子相隐，是他德重于刑、礼

---

① 程树德撰：《论语集释·卷27　子路下》，第922—924页。

重于法的思想的反映。既然仁德为治国施教之本，父慈子孝作为仁德之体现，父子之亲不能互相庇护，是不合逻辑的，也是不符合统治者的根本利益的。孔子"父子相隐"的主张，被后世刑律采用后，一直是传统王朝实施法制的重要内容和指导原则。孔子之后，"亲亲相隐不为罪"的价值观念遂成为历代王朝的普遍施法观念。

然而，在实际政治生活中，孔子并非不重视刑罚的作用，从他刚做上鲁国的代理宰相就杀掉大夫少正卯一事就可以看出他在刑罚上的杀伐果断。只不过是，他更多地是主张德主刑辅而已。

《孔丛子·刑论》记载了四件孔子师徒谈论刑法的事情。第一件是仲弓问刑。书中说：

> 仲弓问古之刑教与今之刑教，孔子曰："古之刑省，今之刑繁。其为教，古有礼然后有刑，是以刑省；今无礼以教而齐之以刑，刑是以繁。《书》曰：'伯夷降典，折民维刑。'谓下礼以教之，然后继以刑折之也。夫无礼则民无耻，而正之以刑，故民苟免。"

仲弓向孔子请教古今的刑罚与教化。孔子说："古代的刑罚少，现在的刑罚多。在教化百姓方面，古代先用礼仪规范民众的行为，然后才用刑罚来管理，所以刑罚少；现在不用礼仪教化百姓，而只用刑罚来管制他们的行为，所以刑罚繁多。《尚书》上说：'伯夷颁布法典，以刑法裁决百姓的狱讼。'称作先颁布礼仪、法则来教化百姓，然后才用刑罚来管制他们。不讲礼仪，百姓就不知有耻，只用刑罚来匡正百姓的行为，他们只要能暂时避免触犯刑罚就行。"

第二件是子张问刑：

《书》曰："兹殷罚有伦。"子张问曰："何谓也？"孔子曰："不失其理之谓也。今诸侯不同德，每君异法，折狱无伦，以意为限，是故知法之难也。"子张曰："古之知法者与今之知法者异乎？"孔子曰："古之知法者能远狱，今之知法者不失有罪。不失有罪，其于恕寡矣。能远于狱，其于防深矣。寡恕近乎滥，防深治乎本。《书》曰：'维敬五刑，以成三德。'言敬刑所以为德矣。"

子张与孔子讨论德刑的问题。子张问孔子："殷人的刑法有条理是什么意思？"孔子说："就是不失掉刑法本身的道理啊。现今各诸侯不同心同德，各国君主的法令也各异，裁判诉讼没有纲领，只求达到自己的目的就行，因此可知刑法很难啊。"子张说："古代的知法者能远离狱讼，现在的知法者做到不放任百姓犯法。不放任百姓犯法，这样做就缺乏宽恕。能够远离狱讼，其戒备就很深远。缺乏宽恕和放任自流差不多，戒备深远才能够从根本上进行治理。《尚书》说：'希望慎用五刑，以帮助我养成三种德行。'意思是说，谨慎地使用刑罚就是在成就德行。"

第三件是曾子问刑：

> 曾子问听狱之术。孔子曰："其大法也三焉，治必以宽，宽之之术归于察，察之之术归于义。是故听而不宽是乱也，宽而不察是慢也，察而不中义是私也，私则民怨。故善听者言不越辞，辞不越情，情不越义。《书》曰：'上下比罚，亡僭乱辞。'"

曾子向孔子询问审理狱讼的方法。孔子说："有三个大的法则：对待百姓要宽宏大量，宽厚的方法在于体察民情，体察民情的根本在于义。因此，裁决诉讼不宽宏会破坏法纪，有宽容之心却不体察民情会轻视法纪，体察民情却不合乎道义断案就会不公正，裁决不公百姓就会有怨恨。所以，会裁决的人审理诉讼时不会偏离讼辞，详察讼辞不脱离实情，以实情决讼不违背道义。《尚书》说：'（定罪的时候）要上下比照其罪行，不能错乱诉讼之辞。'"

第四件还是仲弓问狱：

> 《书》曰："哀敬折狱。"仲弓问曰："何谓也?"孔子曰："古之听讼者，察贫穷，哀孤独及鳏寡，宥老弱不肖而无告者，虽得其情，必哀矜之。死者不可生，断者不可属。若老而刑之，谓之悖；弱而刑之，谓之克；不赦过，谓之逆；率过以小罪，谓之枳。故宥过赦小罪，老弱不受刑，先王之道也。《书》曰：'大辟疑，赦。'又曰'与其杀不辜，宁失不经。'"

　　仲弓向孔子请教裁断狱讼方面的事情。他问孔子：《尚书》说："要以同情心和严肃认真的态度裁断狱讼。"仲弓问道："这句话是什么意思呢？"孔子说："古代审理断案的人，体察贫苦之情，怜悯那些鳏、寡、孤、独、老、弱、穷苦及举目无告的人，即使知道他们所犯的罪行，也会同情他们：死去的人不能复生，砍断的肢体不可能再接上。如果对老人施与刑罚，称为悖乱；对年幼的人施以刑罚，称为凶暴；不赦免小的过失，称为违背道义；把小过失夸大追究，称为伤害。因此，宽恕过失赦免小罪，不对年老和幼小之人用刑，才是先王之道。《尚书》说：'涉及死罪而案情有疑点，可以从轻处治。'又说：'与其错杀无罪的人，宁可放掉有罪的人。'"

　　除此之外，《孔丛子·刑论》篇还记载了孔子与卫将军文子的一段对话，也颇能说明孔子的"德刑"思想：

　　　　孔子适卫。卫将军文子问曰："吾闻鲁公父氏不能听狱，信乎？"孔子答曰："不知其不能也。夫公父氏之听狱，有罪者惧，无罪者耻。"文子曰："有罪者惧是听之察，刑之当也；无罪者耻，何乎？"孔子曰："齐之以礼，则民耻矣；刑以止刑，则民惧矣。"文子曰："今齐之以刑，刑犹弗胜，何礼之齐？"孔子曰："以礼齐民，譬之于御，则辔也。以刑齐民，譬之于御，则鞭也。执辔于此而动于彼，御之良也。无辔而用策，则马失道矣。"文子曰："以御言之，左手执辔，右手运策，不亦速乎？若徒辔无策，马何惧哉？"孔子曰："吾闻古之善御者，执辔如组，两骖如舞，非策之助也。是

以先王盛于礼而薄于刑，故民从命。今也废礼而尚刑，故
民弥暴。"文子曰："吴越之俗，无礼而亦治，何也？"孔子
曰："夫吴越之俗，男女无别，同川而浴，民轻相犯，故其
刑重而不胜，由无礼也。中国之教，为外内以别男女，异器
服以殊等类，故其民笃而法，其刑轻而胜，由有礼也。"①

　　孔子到卫国。卫国的将军文子问孔子："我听说鲁公父氏
不会审理官司，这是真的吗？"孔子回答："他有没有能力审
理官司我不知道。只知道他审理官司时，有罪的人会非常害
怕，无罪的人会觉得羞愧。"文子说："有罪的人害怕是因为
他能明察细情、刑罚得当；无罪的人羞愧，这是为什么呢？"
孔子说："用礼法来规范他们的行为，百姓就知道耻辱；用刑
罚来阻止百姓犯罪，他们就会惧怕。"文子说："现在用刑罚
来管制百姓的行为，刑罚尚且不能够承担，哪里谈得上用礼
法来规范百姓的行为呢？"孔子说："以驾车打比方，用礼法
来规范百姓的行为，礼法就像缰绳；用刑罚来规范百姓的行
为，刑罚就像马鞭。手执缰绳控制马的前进，是技艺高超的驾
车人。没有缰绳而仅靠鞭子，马车就会翻车。"文子说："以
驾车来说，右手拿缰绳，左手挥鞭子，速度不是更快吗？如果
只有缰绳而不用鞭子，马儿还有什么可惧怕的呢？"孔子说：
"我听说古代擅长驾车的，手执缰绳就像拿丝带一样轻松，车

---

　　① 傅亚庶撰：《孔丛子校释·卷之二·刑论第四》，中华书局 2011 年版，第
77—79 页。

前侧的马奔跑起来就像跳舞一样节奏轻快，这并不是靠了鞭子的帮助。古代的圣明君主都赞美礼法、轻视刑罚，因此，百姓都乐于服从命令。现在废弃礼法而尊崇刑罚，所以百姓才会变得更加凶暴。"文子说："吴、越之地的习俗，没有礼法也能治理得很好，为什么呢？"孔子说："吴越之国的风俗，男女没有什么差别，他们在一条河中共同洗澡，彼此轻易就相互侵犯，因此吴越刑罚很重但却对付不了犯法，这是因为他们没有礼教。中原国家的礼教，有内外、男女之别，使用不同的器物、服饰来区别等级与类别，所以，百姓厚道而遵纪守法，刑法虽轻却能对付犯法，这是因为中原礼教有方啊。"

在上段的德刑讨论中，文子是偏重于重视刑罚在政治中的作用；孔子虽然不反对刑罚，但显然认为刑罚不如礼治的境界高。

在强调德教、礼治主导作用的同时，孔子主张以刑罚辅助德教。对于不可教化之民，孔子亦主张以刑禁之、以刑治之。

《孔子家语·刑政》中就有这方面的详细记载：

仲弓问于孔子曰："雍闻至刑无所用政，至政无所用刑。至刑无所用政，桀纣之世是也；至政无所用刑，成康之世是也。信乎？"

孔子曰："圣人之治化也，必刑政相参焉。太上以德教民，而以礼齐之。其次以政导民，以刑禁之。刑，不刑也。化之弗变，导之弗从，伤义以败俗，于是乎用刑矣。制五刑必即天伦，行刑罚则轻无赦。刑，侀也；侀，成也。壹成而不可更，故君子尽心焉。"①

仲弓向孔子请教道："我听说有了严酷的刑罚就不需要使用法制政令了，有了完善的法制政令就不必使用刑罚了。用严酷的刑罚而不使用法制政令来统治民众的，是夏桀和商纣的时代；使用完善的政令法制而不使用刑罚来统治民众的，是周成王和周康王的时代。这是真的吗？"

孔子回答道："圣人治理、教化民众，必须把刑罚和政令相互配合使用。最好的办法是用道德来教化民众，并用礼来统一思想，其次才是使用政令法制来引导民众，并用刑罚来禁止他们。用刑罚的目的是最终达到不用刑罚。对那些经过教化后仍不改变，引导他又不听从，损害义理而又败坏风俗的人，只好用刑罚来惩处。专用五刑来统治民众也必须符合天意，执行刑罚要坚决，无论罪行多轻也不能赦免。刑就是侀，侀就是已成事实不可改变的意思。刑罚一旦执行，就不可改变了，所以官吏要尽心尽力地审理各种案件。"

从上述几段史料来看，孔子并不反对刑罚。更准确地说，他主张"先教后诛"，认为对于那些教而不改，伤天害理之人，必须用刑罚来严加惩处。执行刑罚要坚决，无论罪行多轻也不能赦免，要维护刑罚的尊严。甚至他并不一味地反对

---

① （清）陈士珂辑：《孔子家语疏证·卷7·刑政第三十一》，第208页。

用重典。据《韩非子·内储说上》记载，孔子认为"殷之法刑弃灰于街者"，不算严酷，是"知治之道"。因为弃灰于街易引起争斗，甚至会引发"三族相残"的严重后果。故孔子说："且夫重罚者，人之所恶也；而无弃灰，人之相易也。使人行其所易无罹其所恶，此治之道也。"①

孔子认为有四种人必杀：

> 析言破律，乱名改作，执左道以乱政，杀；作淫声，异服奇伎、奇器以疑众，杀；行伪而坚，言伪而辩，学非而博，顺非而泽，以疑众，杀；假于鬼神、时日、卜噬，以疑众，杀。此四诛者，不以听。②

孔子说："花言巧语曲解法律，假冒名义擅改法度，利用邪道以扰乱政事的，处以死刑；制作淫靡之音，制造奇装异服，设计诡幻技艺、奇巧器物来扰乱君主之心的，处以死刑；行为诡诈而又顽固不化，言辞虚伪而又诡辩，学习大量邪恶知识，顺从坏事而又曲加粉饰以蛊惑民众的，处以死刑；利用鬼神、时日、卜筮以惑乱民心的，处以死刑。这四种该处以死刑的，就不需要详加审理。"不过，在一般情况下，孔子还是反对杀人的。如季康子问政于孔子："如杀无道，以

---

① （清）王先慎撰：《韩非子集解·卷9·内储说上七术第三十·倒記　右经》，第224页。

② （清）陈士珂辑：《孔子家语疏证·卷7·刑政第三十一》，第210页。

就有道，何如？"孔子回答说："子为政，焉用杀？子欲善而民善矣。"[1]孔子还认为，"善人为邦百年，亦可以胜残去杀矣"[2]。把克服残暴，免除虐杀，作为善人治国百年的政治成果。但对于那些罪大恶极、非杀不可的人，孔子认为只有在当政者曾施行过德教，使百姓都知道什么是善、什么是恶、什么是美、什么是丑，懂得如何做人之后，对那些不接受教化、不改其恶的人，再判处死刑。

总之，在治理国家上，孔子首先主张"德教""礼治"。其次，他不主张一味"礼治"，认为只单纯用"德教""礼治"治国，最终同样会破坏"德教""礼治"，必须用刑罚辅助治国。再次，孔子的治理路径是先德后刑，最终达到以德去刑的理想境界。

四、尊君一统

以孔学为主体的儒家文化，从一开始就表现出很强的伦理性和尊君意识。从孔子开始，尊君就成为儒家学说最重要的一个基本特征。

孔子虽然主张"以直事君"，主张对君主的"失政"行

---

① 程树德撰：《论语集释·卷25　颜渊下》，第866页。
② 程树德撰：《论语集释·卷26　子路上》，第909页。

为，应该加以批评、限制，但其理论与道德的出发点，还是建立在尊君、忠君的核心价值观念之上的。孔子十分强调天人合一，但正是在这个几乎是最高层次的问题上，他论证了君主的合法、合理与必然。孔子讲"唯天为大，唯尧则之"，①这几乎成为后来儒家的一种思维方式。

许慎在《说文解字》中说："忠，敬也，从心。"根据文献记载，在西周以前，忠与孝是合而为一的。春秋时代，由于礼崩乐坏，以往忠孝一体、上下尊卑的格局、秩序被打破，作为政治伦理的"忠"开始从血缘伦理的"孝"中分离出来。这种分离的过程就表现为"移孝作忠"。移孝作忠的基本原则是以家族制度为基础将家族伦理关系扩大成为国家伦理关系。故孔子说："君子之事亲孝，故忠可移于君；事兄悌，故顺可移于长；居家理，故治可移于官。"②孔子这种思想观念，就是将家族的"尊尊亲亲"观念扩大为封建国家"忠君爱国观念"，将家族伦理延伸成为政治伦理，将"修己以敬""修己以安人""修己以安百姓"和"君君臣臣父父子子"的忠孝原则妥帖自然地融为一体。于是，"唯天子受命于天，士受命于君"③"臣事君以忠"便成为理所当然的事情。孔子就是这样把将家族的"忠""孝"观念改造与提升到治理

---

① 程树德撰：《论语集释·卷16　泰伯下》，第549页。
② （清）阮元校刻：《孝经注疏·卷第6·广扬名章第十四》，第5562页。
③ （清）阮元校刻：《礼记正义·卷第54·表记第三十二》，第3567页。

国家的层面高度的。

　　另一方面，既然君主是国家的最高利益的代表与象征，尊君、忠君就是爱国，那么高扬君主集权旗帜也就成为以孔子为代表的儒家重要治国理念之一。这方面的主要特征就是"江山一统"与"政令一统"。

　　"江山一统"是"大一统"的国家形态。江山一统的具体历史内容就是政权、土地、人口、权力皆应该归属最高统治者所有。所谓"溥天之下，莫非王土；率土之滨，莫非王臣"①，即此谓也。在《尚书·尧典》中有"光被四表"，"以亲九族"，"平章百姓"，"协和万邦"，虽然还比较松散，却已有了一个中心，尧就是这个中心。在这个中心之外，围绕这个中心形成不同层次的政治圈，由小到大，由最亲近的"九族"到周围的"百姓"，再到远方的"万邦"。这是一个大一统系统，是中国政治文明史大一统的最初雏形。后来，这个系统一直延续了下来，并且在夏商时期得到进一步的发展。到了周王朝，周公采取封建制度，运用分片包干的办法，把天下广阔的土地与众多的民众，一起分封给先王之后、开国功臣以及自己的亲戚，由他们分别管理。周王称天子，封国国君称诸侯。"王"的权力于是遍及四海之内，宇内田野都是"王"的土地，民众都是"王"的臣民。这是自孔子以来人们普遍认同"尊为天子，富

----

① （清）阮元校刻：《毛诗正义·卷第13·十三之一　　四一·北山》，第994页。

有四海"①观念的由来。"江山一统"的核心是君主对天下土地、人口与权力的占有，进而实现政治、经济、文化思想的一统。"大一统"的"王制"理想是"四海之内若一家"②。每当人们谈到理想政治时，常常会有这样的说法："圣帝在上，德流天下，诸侯宾服，威振四夷，连四海之外以为席，安于覆盂，天下平均，合为一家。"③普天之下，无论远近大小，共戴一主，并为一国，汇聚一族，合成一家，这种理想境界显然集天下疆域一统、治权一统、政令一统、君位一统、王道一统、文化一统、华夷一统于一体。"天下一家"无疑是"江山一统"的极致。天下风俗划一，族群不分华夷，人人相亲相爱，这是"大一统"论为中华民族设定的一个理想、一个目标，也是中华民族的大同梦。

"政令一统"则是"大一统"的政治操作模式。

"政令一统"首要之义就是"尊王"。

孔子的理想国是大一统的君主国家。《礼记·坊记》载孔子言："天无二日，土无二王，家无二主，尊无二上。"④"尊王"是贯穿《春秋公羊传》全书的一条最重要的经义。在孔子看来，尊王就是尊奉周天子，视周天子为天下土地、人民的

---

① （清）阮元校刻：《礼记正义·卷第52·中庸第三十一》，第3533页。
② （清）王先谦撰：《荀子集解·卷第5·王制篇第九》，第161页。
③ （汉）司马迁撰：《史记·卷126　滑稽列传第六十六》，第3206页。
④ （清）阮元校刻：《礼记正义·卷第51·坊记第三十》，第3513页。

最高统治者。春秋以来，王室衰微，天子式微，虽然周天子的实际地位到春秋后期已经只相当于一个小的诸侯，但《春秋公羊传》在解说《春秋》的时候，还是按照孔子的意思把天子与诸侯严格地区分开来，处处突出天子的至高无上的地位，突出天子与诸侯之间的君臣名分。在《春秋公羊传》中，尊王之义随处可见。

孔子对西周的王制与王政极口称赞。他认为西周王权的特征是天子执掌最高权力，诸侯以下莫不从命。他提出了一个重要的政治价值标准："天下有道，则礼乐征伐自天子出；天下无道，则礼乐征伐自诸侯出。自诸侯出，盖十世希不失矣；自大夫出，五世希不失矣；陪臣执国命，三世希不失矣。天下有道，则政不在大夫。天下有道，则庶人不议。"[①]最高政治权力集中在最高统治者手中则为"天下有道"，否则为"天下无道"。孔子将军政大事统一于君主之手的政治思想，成为后来传统君主时代的重要政治理论。

---

① 程树德撰：《论语集释·卷33　季氏》，第1141页。

第六章　孔子的施政方略

　　治理国家，孔子强调富民、使民、教民的重要性，重视足食、足兵、民信等内容在具体施政中的作用，在政术上主张"宽猛相济""通权达变"。孔子的"中庸"政治思维，是以"用中"为本义，以"时中"和"权"为手段，以"中和"即对立面的统一、系统的整合达到"中正"为目的。"用中""中和""时中"和"权"在以儒家思想为主流的中国古代政治文化中，具有极其重要的政治价值以及方法论的作用。中庸思想可谓是"致广大而尽精微，极高明而道中庸"，内中蕴含着妙不可言的政治智慧和政治艺术。"和而不同""发皆中节""中正不倚""无过不及"等命题具有恒常价值的合理因素在内，在今日的国家治理乃至一般的社会关系中，仍然极具启迪意义和践行价值。

一、足食足兵民信

治理国家，孔子非常强调富民、使民、教民的重要性。

在经济与政治的关系上，孔子主张先经济后政治，对于民众，先富而后教。子贡问政。孔子说："足食，足兵，民信之矣。"[①]孔子认为，治理一个国家，最起码得具备三个基本条件：足食、足兵、足信。在这里应注意，孔子是将"足食"放在治理国家的首要地位提出来的。

先秦诸子，一般均重视经济问题，如管仲就有"衣食足而后知荣辱，仓廪实而后知礼节"之论。孔子及其学派亦不例外。在《论语·颜渊篇》中，孔子在回答子贡关于政事的问题时，首先提到的就是"足食"的问题。因为"民以食为天"，如果百姓食不果腹，时处饥馑之中，还去侈谈什么社会安定与繁荣？

《论语·子路篇》中详细地记载了孔子师徒在赴卫国途中孔子与冉有的一段关于治理民众的对话。孔子告诉冉有，对于民众百姓，统治者不但要对之"足食"，而且要"富之"；不但要"富之"，而且要"教之"。

> 子适卫，冉有仆。子曰："庶矣哉！"冉有曰："既庶矣，又何加焉？"曰："富之。"曰：既富矣，又何加焉？曰："教之。"[②]

---

① 程树德撰：《论语集释·卷 24　颜渊上》，第 836 页。
② 程树德撰：《论语集释·卷 26　子路上》，第 905 页。

孔子到卫国去，冉有给他赶车。两人一边坐车一边闲聊。

孔子一边看一边说："人真多啊！"

冉有若有所思，给孔老师抛出了一个问题："人口既然很多了，接下来该做些什么呢？"

孔子说："使他们富有起来。"

冉有又提出了一个问题："富有之后，又该怎么做呢？"

孔子回答："教化他们。"

孔子喜欢讨论问题。在讨论问题的时候，孔子既喜欢自己设置问题，也喜欢学生提出问题。可以设想，这师徒二人，一边坐在马车或者牛车上观景，一边讨论着治理国家的问题，该是一幅多么生动有趣的画面啊！

在孔子看来，治理一个国家，首先要使这个国家的人口多起来。人口多非常重要，因为人类文明最重要的载体不是万里长城、金字塔和玛雅遗址，不是考古发现和文献记载，甚至不是语言和民俗习惯，而恰恰就是人本身的存在与繁衍。因为所有的文明形式都是人创造的，也是为人服务的。所以传承一种文明的最重要的方式是让浸润在这种文明中的人得以世代繁衍兴旺并且发展壮大。

当然，仅仅人多是不行的，如果大家都过得很苦，生产力水平极低，就无法创造出更多的文明成果。因此，治国理政者一定要考虑怎么让民众富足起来，先庶后富继而发展文明教化事业。国家人口众多，经济、军事强大起来后，还要教化民众，要让他们有文化、有理想，成为高素质的、全面发展的公民。

孔子的这一观点可以归纳为四个字：庶富后教，也就是鼓励生育，发展经济，发展文化教育。其实，这三者是并行不悖的，并不是说人口要很多了之后才开始发展经济，经济条件很好了之后才发展文化教育。这三者需要同时进行，只是不同时间段侧重点有所不同而已。在还没有多少人口时，当然要大力发展人口；人逐步多起来之后，就要把重心放在发展经济上，要让这些人很好地生存下来，过上体面的生活；当生活好起来之后，人的文化教育需要就要作为治理的重点，通过发展文化教育，达到移风易俗、实现"民信"、建设新文明的教化的目的。

《论语·颜渊篇》说：

> 子贡问政。子曰："足食、足兵、民信之矣。"子贡曰："必不得已而去，于斯三者何先？"曰："去兵。"子贡曰："必不得已而去，于斯二者何先？"曰："去食。自古皆有死，民无信不立。"[1]

子贡向孔子请教为政之道。

孔子说："抓好三件事：粮食生产、军队建设和建立社会信用。"

子贡问："如果迫不得已要有所舍弃，这三件事先舍弃哪

---

[1] 程树德撰：《论语集释·卷24　颜渊上》，第836页。

一件呢？"

孔子回答："军队建设。"

子贡继续发问。让老师在粮食生产和建立社会信用之间选择，如果迫不得已，还要舍弃一件事，该舍弃哪一件呢？"

孔子说："那就舍弃粮食生产吧。人固有一死，但如果没有社会信用，整个国家是立不住的。"

这里，社会信用应该有两个方面的含义：一是政府信用，政府能够取信于民。二是民众的信用，每个人是一个守信的个体，整个社会是一个讲信用的共同体。在孔子看来，一个国家存在必须具备三大基本条件：国民的温饱、国家强大的军事力量以及政府与民众的社会信用。如果要给三个基本条件来一个排序的话，排在第一位的是社会信用，排在第二位的是国民的温饱，排在第三位的才是军事力量。这是孔子为政之道的独特观点。

庶民、富民、民信，是孔子的一贯治理思想。在孔子的教育下，他的弟子也大多接受了民众是国家的根本这一政治主张。所以，有若在答鲁哀公"年饥，用不足"的咨询时，主张越是困难时越要关心民众、抽出钱粮济民。他告诉鲁哀公："百姓足，君孰与不足？百姓不足，君孰与足？"[1]

孔子甚至主张，为了民殷国富，统治者还必须"节用而

---

① 程树德撰：《论语集释·卷24　颜渊上》，第851页。

爱人，使民以时"①。他反对当政者聚敛无度，主张应取民有度，少征用民力，少收赋税。当冉有帮助季氏聚敛时，孔子便十分生气，说：冉有"非吾徒也！小子鸣鼓而攻之可也"②。反对厚敛，通过调整分配关系和节用民力，达到"民信"，达到"博施于民而能济众"，这也许是孔子的最高为政理想。

　　值得注意的是，孔子虽然主张庶民、富民、民信，但也深谙"执干戈以卫社稷，可无殇也"③对于国家安全的重要性。

　　孔子重视军备，曾明确提出过要教育和训练军队的意见：

　　　　子曰："善人教民七年，亦可以即戎矣。"
　　　　子曰："以不教民战，是谓弃之。"④

　　这是我国乃至世界历史上较早出现的关于提高军队作战和防卫能力的军事教育观点。

　　对于军事建设在治理国家中的重要性，孔子也曾从国家战略的高度提出过"有文事者必有武备"⑤的著名观点。

　　在孔子教育学生的"六艺"中，就有"射"（射箭）和"御"（驾车）两项，这都是当时必具的作战技能。据《史

　　① 程树德撰：《论语集释·卷 1　学而上》，第 21 页。
　　② 程树德撰：《论语集释·卷 23　先进下》，第 774 页。
　　③ （清）阮元校刻：《春秋左传正义·卷第 58·哀公十一年》，第 4704 页。
　　④ 程树德撰：《论语集释·卷 27　子路下》，第 943 页。
　　⑤ （汉）司马迁撰：《史记·卷 47　孔子世家第十七》，第 1915 页。

记·孔子世家》记载，孔子的学生冉有曾为季氏率师与入侵的齐国作战并获胜。季康子问冉求的军事才能是"学之乎？性之乎？"时，冉有明确回答说："学之于孔子。"这表明，孔子不仅懂军事，还向学生传授过"军旅之事"。孔子虽然对卫灵公称自己"俎豆之事则尝闻之矣，军旅之事未之学也"，[1]但实际上他不仅通晓军事，而且还在鲁国的堕三都与齐鲁夹谷之会中曾亲身参加过军事行动。长期以来，有人因为《论语》中有孔子拒绝与卫灵公讨论排兵布阵的记载，就否认孔子治国思想中存在重视军事力量建设的观点，这种看法值得商榷。

二、尊五美屏四恶

在《论语·尧曰》篇中，孔子向子张阐述了他的"尊五美屏四恶"的治理之道。

> 子张问于孔子曰："何如斯可以从政矣？"子曰："尊五美，屏四恶，斯可以从政矣。"子张曰："何谓五美？"子曰："君子惠而不费，劳而不怨，欲而不贪，泰而不骄，威而不猛。"子张曰："何谓惠而不费？"子曰："因民之所利而利之，斯不亦惠而不费乎？择可劳而劳之，又谁怨？欲

---

① 程树德撰：《论语集释·卷31　卫灵公上》，第1049页。

仁而得仁，又焉贪？君子无众寡，无小大，无敢慢，斯不亦
泰而不骄乎？君子正其衣冠，尊其瞻视，俨然人望而畏之，
斯不亦威而不猛乎？"子张曰："何谓四恶？"子曰："不教
而杀谓之虐；不戒视成谓之暴；慢令致期谓之贼；犹之与人
也，出纳之吝谓之有司。"①

　　子张向孔子请教："怎样才能将政事治理妥当？"孔子说：
"尊重五种美德，排除四种恶政，这样就可以顺利治理政事
了。"子张问："五种美德是指什么？"孔子说："执政者给百
姓带来实惠，自己却能无所耗费；役使百姓，百姓却没有怨恨
情绪；追求仁德而不是贪图财利；性情安泰而不骄傲自满；态
度威严而不凶猛残暴。"子张问："该怎样做到给百姓以实惠
而自己却能无所耗费呢？"孔子说："让百姓们去做对他们有
利的事，这不就能对百姓有利而又不用耗费国帑吗？选择合
适劳作的时间和让百姓去做他们乐意做的事情，百姓又怎么
能会有怨恨呢？自己想追求仁德而得到了仁德，还有什么可贪
图的呢？无论人多人少、势力大小，执政者都不怠慢他们，这
不就是庄重而不傲慢吗？执政者衣冠整齐、目不邪视、态度庄
重，使人见而生敬畏之心，这不就是威严而不凶猛吗？"子张
问："那么，四种恶政又是什么呢？"孔子说："不经教化便加
以杀戮叫作虐；不加申诫便要求成绩叫作暴；不加监督而突

_____

　　① 程树德撰：《论语集释·卷39　尧曰》，第 1370—1373 页。

然限期叫作贼；用该给人财物，却出手吝啬，叫作小气。"

这段话蕴藉了孔子老道而成熟的政治智慧，比较完整地反映了孔子的治理政事的主张。

首先，我们先看"尊五美"。

第一美，"惠而不费"。惠，即给人以好处之意；不费，即不耗费之意。在孔子看来，"惠而不费"实际上是"因民之所利而利之"的一体两面。为政者如果能够满足民众的要求，作为统治者自己既给人以好处，而自己又无所耗费，便是一件于民于君皆为有利的双赢"美"事。

第二美，"劳而不怨"。有劳于百姓而又能使之无怨，这也是一件难事。但孔子认为，同样使用劳力，做和民众利益攸关的事情，如"使民以时"，人们就会去做，而且会劳而不怨。这仍然是站在"民"的立场上，是"因民之所利而利之""择可劳而劳之"的另一表现形式。所以，第一"美"和第二"美"体现了孔子的民本政治观，是"王道"政治"外王"方面的表现。

第三"美"，"欲而不贪"。孔子认为，人生来都有本能的欲望，但必须把握好尺度，"非礼勿视，非礼勿言，非礼勿听，非礼勿动"，对于富贵不可过分贪婪。但人如果追求仁道并且得到仁道，那就不会有分外之贪。

第四"美"，"泰而不骄"。泰，舒泰也；骄，傲慢也。这是就为政者的为政态度、心境而言的。在政治过程中，很容易形成双重人格，即一方面卑躬屈膝于上，另一方面则骄傲无礼于下。所以，孔子认为，有修养的为政者应该不论对方的势力大小、力量强弱，都应该予以尊重，不能以傲慢的态度待之。如果对上"巧言令色足恭"，对下骄横无礼，就不可能获得民众的认可与支持。

第五"美"，"威而不猛"。威，威严也；猛，凶猛。孔子认为，为政者对人要有威严，但绝不能让人感到"猛"而生厌。为政者有修养，人们看见自然会产生敬畏、敬重之心，这就是威，而不是恐惧。如果这种威使人真心恐惧，那就是"猛"了。所以孔子认为有修养的为政者应该是仪态端正、态度严肃、礼貌周全，让每个人都生敬畏之心的人。做到了这些，就做到了威而不猛。据说孔子给人的形象是："子温而厉，威而不猛，恭而安。"①孔子温和而又严厉，威严而不凶猛，恭敬而又安祥。由是可见，第三"美"、第四"美"和第五"美"，都是就为政者的政治道德修养而言的，属于"王道"政治的"内圣"方面。

其次，我们再看"摈四恶"。

孔子在阐述为政"五美"后，告诫子张要避免"四恶"，内容同样深刻而新颖。孔子所说的"四恶"，即"不教而杀谓之虐；不戒视成谓之暴；慢令致期谓之贼；犹之与人也，出纳之吝，谓之有司"，是专门针对为政者的不当施政而言的。

---

① 程树德撰：《论语集释·卷14　述而下》，第505页。

　　孔子认为，为政者对待民众或者属下，如果没有教育或者引导他们，一旦出现错误，便大加惩罚甚至杀戮，这是暴虐。这样的情况，为政者要自己承担责任。假如教导了民众或者属下，他们还是没有执行，这时才能处罚他们。为政者对民众和属下应该事前就要告诫他们哪些该做、哪些不该做。假如事前不告诫他们，到时候又逼他们拿出成绩或成果来，这样就因为要求太高而不合情理，这也是暴政。为政者对于法规、政令没有严肃的态度，自己视法规、政令为儿戏，平日执行不力，却要求民众或者属下按时按期限完成任务，这就称为贼。为政之道，一切事情都要提前思虑周全。我们所需要的，别人也需要。假使一件事情临到我们身上，我们很不愿意，那么临到别人身上也是一样的。所以应该赏赐或者给予民众、属下财物，就应该出手大气。出手吝啬，这叫作小气。这四个方面都是与德政不相符合的政治行为，故孔子主张在治理国家时要摒弃之，[①]先将刑罚公布于众，使人戒惧，反对不教而杀，反对不加申戒就要求完美，反对不事先预警就搞突然袭击，反对该奖赏时却出手悭吝。正是在此意义上，孔子指出："如有周公之才之美，使骄且吝，其余不足观也已。"[②]

---

　　① 参见韩星著：《走进孔子——孔子思想的体系、命运与价值》，福建教育出版社 2017 年版，第 67—68 页。

　　② 程树德撰：《论语集释·卷6　泰伯下》，第 535 页。

三、宽猛相济

在国家治理问题上，孔子重视管理过程中的策略与政术的运用，主张软硬兼施、德威并用、宽猛相济。

《左传·昭公二十年》说：

> 郑子产有疾，谓子大叔曰："我死，子必为政。唯有德者能以宽服民，其次莫如猛。夫火烈，民望而畏之，故鲜死焉。水懦弱，民狎而玩之，则多死焉。故宽难。"疾数月而卒。大叔为政，不忍猛而宽。郑国多盗，取人于萑苻之泽。大叔悔之曰："吾早从夫子，不及此。"兴徒兵以攻萑苻之盗，尽杀之。盗少止。
>
> 仲尼曰："善哉！政宽则民慢，慢则纠之以猛。猛则民残，残则施之以宽。宽以济猛，猛以济宽，政是以和。《诗》曰：'民亦劳止，汔可小康。惠此中国，以绥四方。'施之以宽也。'毋从诡随，以谨无良。式遏寇虐，惨不畏明。'纠之以猛也。'柔远能迩，以定我王。'平之以和也。又曰：'不竞不絿，不刚不柔。布政优优，百禄是遒。'和之至也。"及子产卒，仲尼闻之，出涕曰："古之遗爱也。"[①]

郑国子产病重，对子大叔说："我死后，你必定执政。只有有德行的人能够用宽大来使民众服从，其次莫如严厉。火燃

---

① （清）阮元校刻：《春秋左传正义·卷第49·昭公二十年》，第4549—34550页。

烧得很猛烈，民众看着就很害怕，所以很少有人死在火里。水性懦弱，民众轻视并玩弄它，结果很多人就死在水里。所以施政宽大是很难的。"子产死后。子大叔执政，不忍心严厉而施政宽大。结果郑国盗贼多生，聚集在芦苇丛生的湖泽里作乱。子大叔后悔说："我早点听从他老人家的话，不会到这种地步。"于是发动徒兵攻打藏在芦苇丛生的湖泽里的盗贼，全部杀了他们。盗贼才稍稍收敛一些。

孔子说："好啊！施政宽大民众就怠慢，怠慢就要用严厉加以纠正。严厉民众就会受到伤害，伤害就要施行宽大。用宽大来调节严厉，用严厉来调节宽大，政事因此调和。《诗经》说：'民众已很辛劳，乞求稍稍安康。赐恩给中原各国，用以安抚四方。'这是施政宽大。'不要听从狡诈欺骗人的话，以便小心提防恶人。应当制止掠夺残暴的人，他们从来不怕法度。'这是用严厉来纠正。'安抚边远亲善近邦，用来安定我们国王。'这是用和睦来使国家平静。又说：'不争竞不急躁，不刚猛不柔弱。施政温和宽厚，百种福禄聚集。'这是和协的顶点。"孔子听到子产的死讯，流着泪说："他是古代遗传下来的慈惠的人。"

子产是郑国主政大夫，在临终前考虑到其接班人大叔的特点，建议其治政在"宽"与"猛"之中选择"猛"，即用严厉的措施来治国。而子产去世大叔执政后，不忍猛而宽，于是盗贼四起。大叔后悔没听子产的话，于是兴兵剿盗，使盗贼减少。孔子对此大为赞赏，并总结出"宽猛相济"的施政之策，认为如此可使政事和谐。从孔子对这一历史事件的评论中可以看出，他并不简单地否定刑罚和武力，只是更多地主张以德化民、以宽服民、胜残去杀而已。

子产的"唯有德者能以宽服民，其次莫如猛"，是他长期执政郑国经验的总结。有才德的政府能孚众望，故不必遇事紧张，以高压手段维护统治。而不能孚众望的政府，就难以做到令行禁止，于是必以强制措施维护统治。但强制手段虽可见效于一时，却难免积累矛盾，形成反抗力量。因此，孔子在子产认识的基础上，进一步总结出了"有张有弛"的为政方略。他说："张而不弛，文武弗能也；弛而不张，文武弗为也。一张一弛，文武之道也。"① 对于子产"宽猛相济"的治国政策，孔子不仅赞赏，而且更有自己新的感悟，进一步总结出了四种治理方略，即"施之以宽"、"纠之以猛"、"平之以和"和"和之至"。"宽"是主导方针，"猛"是辅助手段，"和"既是途径，也是目的。②

四、中庸之道

说起"中庸之道"，国人大概都不会陌生，都知道它与孔子有着莫大的关系。"中庸之道"，是孔子思想的重要组成部

---

① （清）阮元校刻：《礼记正义·卷第43·杂记下》，第3399页。

② 参见王恩来著：《人性的寻找——孔子思想研究》，中华书局2016年版，第284页。

分，它不仅仅是一个道德范畴，更是孔子思想中的最高道德准则和治理政事时所运用的一种为政的方略，是儒家在处理政治关系和作出政治决策时所采取的一种高明的办法。

《礼记·中庸》中有这样一段话：

> 大哉圣人之道。洋洋乎！发育万物，峻极于天。优优大哉！礼仪三百，威仪三千。待其人然后行。故曰"苟不至德，至道不凝焉"。故君子尊德性而道问学，致广大而尽精微，极高明而道中庸。温故而知新，敦厚以崇礼。
>
> 是故居上不骄，为下不倍。国有道其言足以兴，国无道其默足以容。《诗》曰："既明且哲，以保其身。"其此之谓与？①

"致广大而尽精微，极高明而道中庸。"道明了孔子关于"中庸"的辩证思维方法。

1939年，毛泽东在致张闻天的信中曾经指出："孔子的中庸观念……是孔子的一大发现，一大功绩，是哲学的重要范畴，值得很好地解释一番。"②从方法论角度而言，中庸之道比较容易为人所理解。庸，即"用"；中庸即用中、执中，与之相对立的是偏执、走极端。《论语·为政》说："子曰：'攻乎异端，斯害也已。'"③《礼记·中庸》又说："子曰：'舜

---

① （清）阮元校刻：《礼记正义·卷第53·中庸》，第3545—3546页。

② 《毛泽东书信选集》，中央文献出版社1983年版，第147页。

③ 程树德撰：《论语集释·卷4　为政下》，第104页。

其大知也与？舜好问而好察迩言。隐恶而扬善，执其两端，用其中于民。其斯以为舜乎？"[①] 在这里，孔子所说的"攻乎异端，斯害也已"与"执两用中"，实际上是孔子在日常生活中分析和处理问题的基本思想方法。

孔子所谓的"攻乎异端，斯害也已"，是反对只向一端用力，不主张遇事用极端的方法来解决。

"执两用中"则与今人所说的"一分为二"而后"合二为一"的辩证思维方法比较接近，不过两者并不相等，"执两用中"的内涵应该更加丰富、更加辩证。事实上，"执其两端，用其中于民"和"攻乎异端，斯害也已"这两句话是一个意思，一句是从正面说教，一句是从反面警示，孔子不只是以政治伦理原则教人，他更主张在实际政治社会生活中践行与培养学生"中庸之道""执两用中"的思维方式。

"中庸"一词，始见于《论语》。孔子说："中庸之为德也，其至矣乎！民鲜久矣！"[②] "中庸"是孔子提出来的，但在《论语》中，提到"中庸"这个概念的只有一次。孔子对伦理所设的标准是"中庸"。然"中庸"的"中"字，作为一种道德范畴和哲学思想，则由来已久。如《尚书·盘庚》中说："各设中于乃心。"[③]《尚书·酒诰》所说："作稽中

---

① （清）阮元校刻：《礼记正义·卷第 52·中庸第三十一》，第 3528 页。

② 程树德撰：《论语集释·卷 12　雍也下》，第 425 页。

③ （清）阮元校刻：《尚书正义·卷第 9·盘庚中》，第 362 页。

德。"①《论语》说："尧曰：'咨！尔舜！天之历数在尔躬，允执其中。四海困穷，天禄永终。'舜亦以命禹。"②由此可见，孔子提出的中庸是继承自古代圣贤"中"的思想。上述的"中"，是公正、公平的意思。孔子把尧舜的治国方针推广到人们处事的一切言行之中，首次提出了中庸的概念。孔子之孙子思记述了孔子在这方面的论述，辑成一书名曰《中庸》。《中庸》亦被后人推崇为"实学"，被视为人们可以终身学习的儒学经典。

那么，什么是中庸呢？应该如何正确地理解与运用这种方法呢？

中者，中正。庸者，容也，宽容，恒常也。常持中正而宽容，这就是"中庸"。

具体而言，"中庸"应该主要包括如下几层基本含义。

第一，是用中、执中、中正。

在孔子看来，中是礼，用中、执中，就是符合礼。用中，即是坚持原则。孔子处处时时都以礼分是非，臧否人物。他在《论语·颜渊》中提出"非礼勿视，非礼勿听，非礼勿言，非礼勿动"的处世原则，分明就是证明礼与中是一致的。

中庸之道要求人们按照一定的道德原则和规范，自觉地调节个人的思想感情和言论行动，使之不偏不倚，无过之而无

---

① （清）阮元校刻：《尚书正义·卷第 14·酒诰》，第 438 页。
② 程树德撰：《论语集释·卷 39　尧曰》，第 1345 页。

不及，严格保持在儒家规定的道德规范所许可的范围之内。所以，中庸的这层含义指的是不偏不倚以礼为言行准则，即坚持原则的意思。

在孔子看来，春秋时期的政治是偏险不正的，是"失道"的，何以正之？他主张用"仁义"正之。孔子惶惶然奔走于列国之间，就是试图以"仁义"以匡正失礼失道，匡正而不可得才退而著述讲学的。用中之道、中正之道是其后儒家从道不从君，坚持"仁义"的最高原则的理论依据和理论渊源。

第二，孔子从日常生活到政治行为，一再提出要避免"过"与"不及"的言论和行为。

中庸不仅是一种为人处事应该坚持的原则，还是一种治理国家的方法论。这种思维方法认为"过"和"不及"都是不对的，因为他们都不符合"中"的标准。作为一种重要的决策原则和方法，中庸之道反对决策与做事走极端，主张任何事情都要遵循一个适当的标准"度"。"过"就是过火，"不及"就是火候不到，过和不及皆不能成事，因而都是应该反对的，凡事都要适中和适度。在一定意义上讲，整部《论语》都是在论述中庸之道的。如"子温而厉，威而不猛，恭而安"①，"乐而不淫，哀而不伤"②，"君子矜而不争，群

① 程树德撰：《论语集释·卷14 述而下》，第505页。
② 程树德撰：《论语集释·卷6 八佾下》，第198页。

而不党"①，"质胜文则野，文胜质则史。文质彬彬，然后君子"②，这都是在论述"度"，即事物都有一个限度，超过了一定的限度，事物就会发生质的变化。要做到中庸就要时刻注意这个度，即事物变化之间的规定性。孔子认为舜是这方面的典范，他认为舜能够听取各种不同的意见，善于审察不大引起注意的言论，能够容忍别人的缺点，充分发扬大家的长处，权衡人们言论中过与不及的两个极端，采用正确的主张来治理国家，这就是中庸之道，这就是舜所以能够成为大智大贤的圣君原因之所在。

《论语》中有一个十分通俗的解释。

一次，学生子贡问孔子，他的同学"师（子张）与商（子夏）也孰贤"？孔子回答说："师也过，商也不及。"子贡又问："是不是师比商好一些呢?"孔子回答说："过犹不及。"师是颛孙师，即子张；商是卜商，即子夏。两人年龄相仿，是子贡的小师弟。子张志向高远，言行时常偏激过头，有些张扬；与之相反，子夏狷介、谨慎，该说的有时未说，该做的有时未做，过于收敛保守，子贡觉得子张比子夏更优秀一些，而孔子告诉他"过"等同于"不及"，两人彼此彼此。"过"不好，"不及"也不好，两者之间的"中"才是最好的。西汉经学家孔安国深通孔子语意，训解上述对话一针见血。他说："言（师与

---

① 程树德撰：《论语集释·卷32　卫灵公下》，第1104页。
② 程树德撰：《论语集释·卷12　雍也下》，第400页。

商）俱不得中也。"①在实际生活中，"中"极易被人误解或者错解。我们必须明白：（1）"中"是哲学上的一个极其抽象的概念，它不是数学、物理上所谓的中点或各占百分之五十的科学概念，而是说事物两端之间在时间、地点、环境等各种条件符合时的恰到好处。（2）"中"不是事物对立两端的简单混合，而是与两端有关联但又不同的第三者。此"第三者"即所谓的"中"。第三种状态超越于两端，与两端一起共同构成事物的总体，从而使事物的发展变化呈现出"一分为三"的新的状态。孔子以后，"过犹不及"，就成为人们在日常实践中衡量中庸的尺度，比如勇敢是中庸，鲁莽就过了，怯懦是不及，超过了一定的限度，勇敢就成了鲁莽或怯懦。

第三，中庸的另一个含义是中和。

《中庸》提出，"中和"是天下之"大本""达道"。"喜怒哀乐之未发，谓之中；发而皆中节，谓之和。中也者，天下之大本也；和也者，天下之达道也。致中和，天地位焉，万物育焉。"②《论语·学而篇》说："礼之用，和为贵。"③"和"，是与"同"相对立的思维方式。"同"是重复、叠加、附和，"和"则是异质的事物、因素的对立统一。《国语·郑语》里说："以他平他谓之和"，④《中庸》里说"发而皆中节谓之和"。一种

---

① 程树德撰：《论语集释·卷22　先进上》，第773页。

② （清）阮元校刻：《礼记正义·卷第52·中庸第三十一》，第3527页。

③ 程树德撰：《论语集释·卷2　学而下》，第46页。

④ （春秋）（旧题）左丘明撰：《国语集解·郑语第十六·桓公为司徒》，第470页。

声响不成音乐，一种颜色不成文采，一种味道不成佳肴，只有各种不同的事物、因素、成分合理配置，甚至相反的事物、因素、成分相成相济，处置得恰到好处，无过无不及，才能形成和谐，产生新的事物。"以它平它"的对立面是"以同裨同"，是同一事物、因素、成分的机械重复、简单相加。"中和"实际上指的是对立面之间的调和、平衡、相辅相成、整合。"中和"的目的是追求人与人、人与社会、人与环境之间的和谐。但这种和谐并非是无原则的，更不是盲目的附和。

第四，中庸还有一个含义是"时中"。

《中庸》引用孔子的话说："君子之中庸也，君子而时中。"[1]这里"中"是原则性，是不可变的；"时"是灵活性，是可变的，目的是更好地实现"中"原则。实际上，在我们的日常生活中，"中"也是随"时"（包括时间、空间、对象、环境）的变化而会有相应不同的表现。相对来说，"时中"就是既能坚持原则，又能能审时度势，不死抱教条。该柔则柔，该刚则刚，该左则左，该右则右，这应该才是"时中"的应有之义。

第五，中庸表现在事物的运动与变化，因此治国与做事都要实事求是，随时随地依据形势变化而调整。

孔子说："君子之于天下也，无适也，无莫也，义之与比。"[2]这句话也是说，没什么事必须怎样去做，或绝不能怎

---

[1]　（清）阮元校刻：《礼记正义·卷第 52·中庸第三十一》，第 3528 页。

[2]　程树德撰：《论语集释·卷 7　里仁上》，第 247 页。

样去做，而是要根据实际情况怎样能合于义就怎样去做。孔子在教育学生方面有个例子：一次子路问，听到了应该要办的事就要去办吗？孔子答，有父母在，怎么能听到了就去办呢！冉有问同样的问题，孔子肯定地说，听到了就要去做。公西华不解，请老师解惑。孔子答："求也退，故进之；由也兼人，故退之。"①意思是冉有平时畏缩怕事，所以鼓励他有想法时就大胆地去做；子路好胜争强，所以孔子让他遇事冷静一下，三思后行。所以，孟子称孔子是"圣之时者也"，称道他"可以速而速，可以久而久，可以处而处，可以仕而仕"②。

"无适也，无莫也"，也就是通权达变。孔子对管仲的评价也颇能说明问题。齐桓公、公子纠都是齐襄公的弟弟。齐襄公无道，鲍叔牙侍奉桓公逃往莒国，管仲和召忽侍奉公子纠逃往鲁国。后来襄公被杀，桓公先入齐为君，兴兵伐鲁，迫使鲁国杀了公子纠，召忽因此而自杀，管仲却不但苟生，而且还归附了桓公，甚至做了齐国的宰相。子贡问孔子，管仲不是仁人吧？齐桓公杀了公子纠，他不但没有以身殉主，还为相辅佐齐桓公。孔子答道："管仲相桓公，霸诸侯，一匡天下，民到于今受其赐。微管仲，吾其被发左衽矣。岂若匹夫匹妇之为谅也，自经于沟渎而莫之知也？"③在孔子看来，管仲不以小信（忠君

---

① 程树德撰：《论语集释·卷23　先进下》，第787页。

② （清）焦循撰：《孟子正义·卷20　万章章句·一章》，第672页。

③ 程树德撰：《论语集释·卷29　宪问中》，第989—992页。

自杀）而失大信（使百姓得益）是一个懂得"权"变的人。

孔子在谈到"中庸"时，还说过一段十分精辟的话。他说："可与共学，未可与适道；可与适道，未可与立；可与立，未可与权。"①意思是说，可以一起学习仁义道德的人，不一定能达到道；可以一起和他达到道的人，不一定能做到坚守；可以和他一起做到坚守的人，不一定能做到通权达变。这样，孔子就把权作为中庸的最高境界，即只有能够通权达变的人才能真正理解和实行中庸之道。孟子对这个问题作了很多精彩的注解，他说："执中为近之，执中无权，犹执一也。所恶执一者，为其贼道也，举一而废百也。"②意思是说，能做到不偏不倚，无过无不及，近乎中庸了，但是固执一端，客观情况变了，还死抱教条，不懂得通权达变，那是偏颇的。我们所以厌恶那种固执偏颇的人，就是因为他们损害了中庸之道，只顾一隅不顾全局呀！孟子还对权作了一个很通俗的解释说："男女授受不亲，礼也；嫂溺，援之以手者，权也。"③

第六，孔子还提出了"不可则止"的处世原则。

不可则止就是"权"的智慧在人们实践中的具体体现。孔子认为处理事情要注意分寸，不可使行动突破质的规定。譬如，在处理君臣关系中，他一方面强调臣子要"君使臣以

---

①　程树德撰：《论语集释·卷18　子罕下》，第626页。

②　（清）焦循撰：《孟子正义·卷27　尽心章句上·二十六章》，第918—919页。

③　（清）焦循撰：《孟子正义·卷15　离娄章句上·十七章》，第521页。

礼，臣事君以忠"①。"从道不从君"，"以道事君"，但如果进谏不听，臣子应适可而止，或引退以洁身。"所谓大臣者，以道事君，不可则止"②。"邦有道，则仕；邦无道，则可卷而怀之"③。"用之则行，舍之则藏"④。"天下有道则见，无道则隐"⑤。如果遵照这样的理论行事，臣决不会对君构成威胁。对于朋友也是一样，"忠告而善道之，不可则止，毋自辱焉"⑥。可见，中庸就是根据实际情况，寻求正确的方法，以尽力达到所追求的目标。

第七，中庸还有一种方式，即"无可无不可"。

如果说"中庸"是折中主义不尽妥帖的话，那么"无可无不可"则无疑是典型的折中主义了。孔子把自己同一些逸民作了比较，他说伯夷、叔齐"不降其志，不辱其身"；柳下惠、少连"降志辱身矣"，但仍然"言中伦，行中虑"。虞仲、夷逸表现又不同，"隐居放言，身中清，废中权"，他们虽然过着隐居的生活，说话随便，但保持自身洁白；虽然离开职位，但仍合乎权宜。这三类人虽有高低之分，但各有自己的行为哲学，孔子很敬重这些人。然而，他最后说："我则

① 程树德撰：《论语集释·卷6　八佾下》，第197页。
② 程树德撰：《论语集释·卷23　先进下》，第792页。
③ 程树德撰：《论语集释·卷31　卫灵公上》，第1068页。
④ 程树德撰：《论语集释·卷13　述而上》，第450页。
⑤ 程树德撰：《论语集释·卷16　泰伯下》，第540页。
⑥ 程树德撰：《论语集释·卷25　颜渊下》，第877页。

异于是，无可无不可。"①关于孔子对事物两面性的把握的言行极多，这里再举数例，如：

孔子一方面崇信鬼神，极端重视祭祖之事；另一方面又对鬼神是否存在表示怀疑，采取"祭神如神在"的灵活态度。

孔子一方面认为人"性相近"；另一方面又主张"生而知之者"，"惟上知与下愚不移"②。

孔子一方面认为自己是学而知之；另一方面又说自己是天命的承担者，"天生德于予"。

孔子一方面主张"杀身以成仁"，"见危授命"；另一方面又主张"危邦不入，乱邦不居"。

以上所说的并不是一个事物的两个方面，而是对待两种不同的事物的两种态度。依据它们的性质，两者之间不能调和，只能二者必居其一，但孔子却要无可无不可。从理论上说，无可无不可似乎也可以说得过去，也应该算是一种通权达变的政治智慧吧。③

中庸可以折中，但绝不是折中主义。孔子一生主张仁义，是非分明，反对调和，他曾严厉指责那些无原则是非的好好先生说："乡原，德之贼也。"④对于孔子这句话，战国时期

---

① 程树德撰：《论语集释·卷37　微子下》，第1285页。
② 程树德撰：《论语集释·卷34　阳货上》，第1185页。
③ 参见刘泽华、葛荃主编：《中国古代政治思想史》，南开大学出版社2011年版，第41页。
④ 程树德撰：《论语集释·卷35　阳货下》，第1219页。

的万章疑惑不解。他曾问老师孟子："全乡人都称赞的好人，为什么孔子责骂他是破坏道德的贼呢？"孟子回答说："非之无举也，刺之无刺也，同乎流俗，合乎污世，居之以忠信，行之似廉洁，众皆悦之，自以为是，而不可与入尧舜之道，故曰'德之贼'也。"①孟子说这种人表面上似乎样样都好，挑不出毛病，但他们不分是非，与尧舜之道是格格不入的。

第八，"和而不同"同样是"中庸"的一种实践方式。

中庸要求人们追求"和而不同"。

孔子主张"和"，反对"同"，甚至把"和"和"同"作为君子和小人的区分。他说："君子和而不同，小人同而不和。"②

那么，何为和？何为同？在先秦，人们把保持矛盾对立面的和谐叫作"和"，把取消矛盾对立面的差异叫作"同"。"和"与"同"有原则性的区别。如齐国的晏婴认为君臣关系应和而不同："君所谓可而有否焉，臣献其否以成其可；君所谓否而有可焉，臣献其可以去其否。是以政平而不干，民无争心。"③君主认为可行的事，但其中也隐藏着不可行或行而不利的因素，臣下把这一方面意见提出来使君主能考虑得更为周全，以避免不利因素；反过来也一样，君主认为不可行的事情，其中可能存在着可行的、有利的因素，臣下把这

① （清）焦循撰：《孟子正义·卷29　尽心章句·三十七章》，第1031页。
② 程树德撰：《论语集释·卷27　子路下》，第935页。
③ （清）阮元校刻：《春秋左传正义·卷第49·昭公二十年》，第4546页。

些因素说出来以使君主放弃其认为不可行的决定。这是一种君臣之间的"中和"，是对君主的意见不盲从，作理性分析，进行必要的补充，促其完善，甚至放弃原来的意见而形成更好的决策。这才是真正的"和而不同"。那种一味逢迎附和的臣子，则是"以同裨同"，不利于治国安民。正因为这样，孔子才称前者为"君子"，而后者为"小人"。从和而不同的思想出发，孔子主张对君主采取"勿欺也，而犯之"[①]的态度。所谓犯，即向君主提意见。孔子喜欢给别人提意见，也希望别人包括弟子们对他本人提出不同意见。颜回是孔子最得意的门生，但他过于谦虚，从不提不同看法，孔子对此是不满意的。他说："回也，非助我者也，于吾言无所不说。"[②]

孔子的"和而不同"，包含着这样的思想内容：孤立的、单一的因素不能构成完美的事物，只有多种因素特别是矛盾对立面经过斗争达到的新的统一、和谐、共同作用，才能形成新生事物。个人的修养方面，在《论语·雍也》篇中，孔子说："质胜文则野，文胜质则史。文质彬彬，然后君子。"他认为，做人如果朴实多于文采，便会显得粗野；如果文采胜过朴实，便会显得浮夸，可见只要一端而排斥另一端的做法是要不得的。孔子认为，只有把文与质这两种不同的品质恰到好处、相互协调地保持下来，让文与质互补对方之不足，

---

① 程树德撰：《论语集释·卷 29　宪问中》，第 1002 页。
② 程树德撰：《论语集释·卷 22　先进上》，第 746 页。

并克制对方之偏胜，做到既朴实又有文采，或者说既不粗野又不浮夸，那样才能形成一个新的比较完美的事物。也就是说，矛盾的和谐或统一、平衡等等，仅仅是矛盾斗争的一种状态，是事物发展的量变阶段。旧的和谐一定会打破，而代之以激烈斗争；量变阶段也会结束，出现渐进性的中断，即飞跃或质变阶段。不过，孔子虽然发现并认识到了"矛盾对立因素的统一、和谐、共同作用，才能形成新生事物"这一客观规律，但它对现实世界中破坏和谐的激烈斗争和质变规律，却采取了一种鸵鸟式的不敢正视的态度，不承认它们是发展的常规，不承认大乱是走向大治的必由途径。因此，面对春秋时代"礼崩乐坏"的巨变，他无论如何也不能接受，以"天下无道"四字一概否定，并且决心要"克己复礼"，恢复不可能恢复的西周初年那样的和谐、安定、统一的秩序状态，这是他一生在政治上到处碰壁的一个重要的原因。[1]

　　总之，孔子首创的中庸之法与无原则的折中、调和，并不是一回事，将"中庸之道"扩展为"中和之道"，或许更能表述孔子中正大道的本质所在。

---

　　[1]　参见匡亚明著：《孔子评传》，第208—209页。

第七章　孔子的教化路径

孔子教化的理想目标是圣人和仁人，现实目标是培养君子和有恒者。孔子的君子观，他所认定君子品格的诸要素，如自强不息、厚德载物、勤勉、力行、诚信、谦恭、勇敢、智慧、仁爱、"安百姓"等等，至今仍不失其现实意义和人生指导意义。在孔子看来，把克己的精神用于对人就是忠恕，就是爱人，就是践仁。孔子的仁是指一个人内在的道德品质，它源于血缘之亲，立足于自我，以反身求己的实践为根本。所以，孔子在谈到为人处世的准则时说："仁远乎哉？我欲仁，斯仁至矣。""为仁由己，而由人乎哉?"克己、爱人、复礼形成三位一体，内在精神修养与外在行为规范相互制约、相互补充。孔子由此把高尚和平庸、内美和外辱、精神满足与自我约束、个人需求与社会责任高度统一了起来，成为成就人格最理想的伦理原则，成为国家治理的有机组成部分。

一、"学而时习之"

通过学习改变命运，影响人生，这是孔子治理之学中的一个极其重要的内容。本章以《论语》为例拟进行深入讨论。

翻开《论语》，我们会发现一个十分有趣的现象，这就是：《论语》是以学习篇《学而》开始，而以"尧舜之道"《尧曰》篇结尾，这个编排看似无意，实则大有学问。

《论语》为何以"学而时习"开其端？

在人们通行的印象中，语录体本就是一个内容庞杂的散论集合体，并无结构、编次的限制。然而，具体从《论语》的篇章结构来看，第一篇是《学而》，最后一篇是《尧曰》，始以"学习"，终于获得"尧舜之道"。这种安排，实际上是在明确告诉世人，智慧人生都要先经过学习、锻炼的阶段，最终才能跻身"尧舜"的行列。

细读诸子之书，很容易就会发现，很多著作都是以学习作为开篇的。这也许都是先哲们向《论语》学习的缘故。《荀子》的首篇是《劝学》，扬雄《法言》第一篇是《学行》，王符《潜夫论》以《赞学》开篇，等等，不一而举。这些文本似可显示，以"学"作为开端并不是一个可有可无的现象，它表达了中国思想界对"学"的意义及其位置的共同理解。再就结尾而论，《论语》以尧、舜、禹的言行布局结束也不是孤例。《孟子》七篇就是"由尧舜至于汤，五百有余岁"结

尾；《荀子》亦结尾以《尧问》；《春秋公羊传》最后也回到
"尧舜之道"。这些文本都以尧、舜、禹三圣言行结尾并不是
一种巧合，这里暗示出某种共通的结构，显示出先人共同的
文化追求。《论语》从《学而》篇展开的个体之学习为什么在
《尧曰》篇中变成了历史文化中的道统谱系的接纳与构成？
为什么诸子之学会以相同的方式代代相传"学而时习之"的
文化要素？答案只有一个，《论语》的篇章结构中的文化元素
代表了中国人希望通过学习达到修身、齐家、济世的正确方
向。而这种重要的价值取向，正是孔子治理之学昭示世人的
一部分。

《论语》长期被人们视为语录体的作品，而语录体在今
日往往被理解为散乱的、不相连属的、没有内在关联的、即
兴性的感想，或者是特定方式的表述。但是，如果一种文化
从一开始就将自己确立在某种境域性的地基上，将真理或智
慧理解为全体与过程相统一的话，那么，即使是语录体作品
也会有自己的义理结构，而此义理结构亦恰恰构成内容表达
方式的本身一部分。而这也许正是中国思想文化的一个隐蔽
着的事实：结构自始至终都被赋予极为重要的意义，甚至在
一定程度上，结构被赋予内容呈示自身的重要性一点也不亚
于篇章中的诸内容，这充分表明结构与内容在根本层次上的
不可分割性。

《庄子·天道》篇中提出：

语道而非其序者，非其道也；语道而非其道者，安取道？①

南宋朱熹说：

圣人言语，岂可以言语解过一遍便休了！须是实体于身，灼然行得，方是读书。②

难怪有人也说，《论语》"诸篇所次，先儒不无意焉"。③

这些信息都在提示我们，《论语》的篇章结构并非是随意的编排，而是其中大有深意。

那么，《论语》究竟为何以《学而》开篇来开化世人？

这里，以"学"开篇实际上是在揭示学习的意义究竟在哪里？《论语》的编排者实际是在告诉我们，如同人的衣食住行一样，学习也是人类生活中最基本的事情。所谓最基本的事情，就是那些即使我们自以为可以离开它们，然而却又不能在根本上离开，以至于它构成根植于我们生命深处的不可须臾而离开的东西。生命、身体、音乐、人性、居住、礼（礼仪、礼物）、人伦（君臣、父子、兄弟、朋友）、孝、政治、健康与疾病、梦与觉、思想、家（家园、故乡）、学习、处世、

---

① （清）郭庆藩撰：《庄子集释·卷5中 天道第十三》，第469页。

② （宋）黎靖德编：《朱子语类·卷第26 论语八·里仁篇上·富与贵章》，第647—648页。

③ 李学勤主编：《十三经注疏》第23册，《论语注疏》卷第一《学而》，北京大学出版社1999年版，第1页。

命运、钱财等等，毫无疑问都是这样的最基本的事情。生活说到底就是不断地与这些最基本事物打交道，打开这些事物的方式，就是《论语》为自己奠基的方式，也是中国文化为自己奠基的方式。所有事情，都要从学习开始。作为一个独特形态文化的奠基性作品，在对生活世界之最基本事情的理解上，《论语》揭示了中国文化自身的一些特性。

如果说《论语》把个人如何打开生活世界中那些最为日常，也最为基本的现象作为自己的基本目标的话，那么，学习则是其中最为独特，也最为根本的一种再也正常不过的现象，它不能被限定在知识与技能的学习上，也不能被限定在学校发生的教学活动上面，而应该贯穿于人类生活的全部过程，是时时刻刻都以不同方式而被遭遇到的最基本的现象。学习作为基本事物，与人本身的生命相始终。学习亦并非只在学校才会发生，在未入学校之前，父母就是人生中的第一任老师，而走出校门、进入工作岗位后，人们同样还在学习，并且周围的他人都有可能成为我们新的学习对象。由此不难看到，学习是一个无法绕开的生活面向。在中国，为什么教书的人不仅仅被称为教师，还被称作"先生"？因为只有自己先"学"懂"学"会，然后才能"教"授给别人，而"教"本身就是另一种方式的"学习"。《礼记·学记》说："是故学然后知不足，教然后知困。知不足然后能自反也，知困然后能自强也。故曰：教学相长也。《兑命》曰：'学学半'，其此之谓乎！^①"段玉裁云："《兑命》上'学'字谓教。言教人乃益己之学半，教人谓之学者。学所以自觉，下之效也；教人所以觉人，上之施也。故古统谓之学也。"^② 教育他人，就如同我们今日作学术研究一样，首先是一种自我学习教育的过程。这种自我学习教育是从教的基础。在广义的理解中，只要人活在"人间世"，人就像离不开呼吸一样无法离开学习。这个结论应该是成立的。

如此看来，学习不是可有可无的，正是通过不断的学习，人才得以实现自我成长，从而学会生活，同时学会与他人一道生活。《论语》以《学而》开篇的深意，由此不难得到理解。孔子以学习作为教化世人的法门也是遵循了同样的道理。

孔子是中国第一位在民间大规模办学的教师，是春秋时代一位成功的教育家。《论语》中除了谈"为人"和"为政"之外，另一个中心问题就是谈"为学"。孔子终生都在不停地学习，终生都在教育与带动他的弟子们学习。"学而不厌，诲人不倦"几乎是他一生的真实写照。将个人学习与应该担当的社会责任实现了充分的结合，通过学习让人从内心得到滋养进而与应该担当的社会责任等方面一并成长强大起来，这是孔子之学的独门秘笈。

孔子认为，学习的根本目的就是为了发掘人本身的灵性

---

① （清）阮元校刻：《礼记正义·卷第36·学记第十八》，第3296页。

② （清）段玉裁撰：《说文解字注》，上海古籍出版社1988年版，第127页。

与才干，充实自己、提高自己、成就自己。他说："古之学者为己，今之学者为人。"①学习是为了提高自己的道德，增进自己的见识，丰富自己的才干，增加自己治国、平天下的本领，使自己具有完全的人格，而不是为了向别人卖弄知识，满足自己的虚荣心。这是孔子学习的出发点，也是孔子学习的目的。

在孔子看来，空有理想，空有抱负，而不认真学习是不行的。

> 子曰："由也，女闻六言六蔽矣乎？"对曰："未也。""居，吾语女。好仁不好学，其蔽也愚；好知不好学，其蔽也荡；好信不好学，其蔽也贼；好直不好学，其蔽也绞；好勇不好学，其蔽也乱；好刚不好学，其蔽也狂。"②

孔子说："子路呀！你听说过'六言六蔽'吗？"

子路答道："没有。"

孔子说："坐下来，听我慢慢道来。一个人喜好仁义却不好学习，其弊端在于受人愚弄；喜好智慧却不好学习，其弊端在于游谈无根；喜好信义却不好学习，其弊端在于害人伤己；喜好正直却不好学习，其弊端在于尖刻伤人；喜好刚强却不爱学习，其弊端在于狂妄恣肆。"

---

① 程树德撰：《论语集释·卷 29　宪问中》，第 1004 页。

② 程树德撰：《论语集释·卷 35　阳货下》，第 1210 页。

由此可见，在孔子的观念中，一个人如果希望具有仁爱、智慧、诚信、正直、勇敢、刚毅等种种优良的品行，就必须认真地学习与体验，不断地提升自己对世界的正确认识与把握。

> 子夏曰："博学而笃志，切问而近思，仁在其中矣。""百工居肆以成其事，君子学以致其道。"①

《论语》中自始至终贯穿着孔门之学这样一个重要的道理：只有认真地学习、思考、体会、实践，才能懂得做人的道理，才能成为一个纯粹而高尚的人、一个有益于社会的人。

孔子十分重视知行合一。他强调学习书本上的知识，必须能用来解决实际问题，否则，即使书读得再多，也是没有用处的。例如他说：

> "诵《诗》三百，授之以政，不达；使于四方，不能专对；虽多，亦奚以为？"②

孔子之所以常让弟子们学《诗》，是因为《诗》中言国政、著风俗、本人情、长于讽喻，对于从政与外交有用。如果对《诗》读得很熟，甚至会背诵，但交付你政事你不会做，让你出使四方你又应对不了，这样的"死"知识有什么用呢？

---

① 程树德撰：《论语集释·卷38　子张》，第1310—1312页。
② 程树德撰：《论语集释·卷26　子路上》，第900页。

孔子认为学习内容与学习目的是相适应、相统一的。学习的目的是为了提高道德、增进自身才干，所以孔子让弟子们学习的内容也都与此目的密切相关。

> 颜渊喟然叹曰："仰之弥高，钻之弥坚，瞻之在前，忽焉在后。夫子循循然善诱人，博我以文，约我以礼，欲罢不能，既竭吾才。如有所立卓尔。虽欲从之，末由也已。"①

颜渊是孔子最欣赏的弟子，根据他的体会，孔子要求他们做到：一是要广博地学习各种文献知识，二是要时时用"礼"约束自己的行为。学习文献可以增进知识，遵守礼仪可以培养道德。

孔子十分重视"温故而知新"，《论语》开篇便说：

> 学而时习之，不亦说乎？有朋自远方来，不亦乐乎？人不知而不愠，不亦君子乎？②

只有对学习过的书本知识不断进行温习、咀嚼、运用、实践，才能对这些学到的知识产生新的理解、新的体会，才能真正将它们变成自身的一部分。

学思并重是孔子实现"下学而上达"的另一个重要学习

---

① 程树德撰：《论语集释·卷17　子罕上》，第593—595页。
② 程树德撰：《论语集释·卷1　学而上》，第8页。

方法和途径。

他谈自己的学习经验时说：

> 学而不思则罔；思而不学则殆。①

只学习，不思考，对所学的东西就不能很好地理解，也不能有自己的心得体会。只思考，不学习，就会孤陋寡闻，宥于成见。只有边学习边思考，才能学到真正的知识。

在学习上，孔子十分地自信。他曾经不谦虚地说：

> 我非生而知之者，好古，敏以求之者也。②

他还说过：

> 十室之邑，必有忠信如丘者焉，不如丘之好学也。③

可见，孔子虽然遇事谦虚谨慎，但在学习事情上他是不遑承让的。学无常师，谁有道德、有学问，孔子就向谁学习。《论语》说他"入太庙，每事问"。无论是年龄大小、身份高低，只要是懂得礼，有不明白的地方，孔子都会向知情者认真请教，他的不耻下问是出了名的。他说：

---

① 程树德撰：《论语集释·卷 4　为政下》，第 103 页。
② 程树德撰：《论语集释·卷 14　述而下》，第 480 页。
③ 程树德撰：《论语集释·卷 10　公冶下》，第 358 页。

　　　　三人行，必有我师焉。择其善者而从之，其不善者而改之。①

他还说：

　　　　君子食无求饱，居无求安，敏于事而慎于言，就有道而正焉，可谓好学也已。②
　　　　见贤思齐焉，见不贤而内自省也。③
　　　　见善如不及，见不善如探汤。④

　　在孔子看来，不管是什么人，都有自己的长处，也都有自己的短处，世上没有十全十美、全知全能的人，也不可能有一无是处、一无所知的人，只要谁身上有长处，只要谁知道一些自己所不懂的知识，就应该向他们虚心求教，这样一来，每个人都有可能成为自己的老师，每时每刻都可以学习。这是除书本之外，孔子又找到的另外一个在实践中随时随地学习新知识的方法。

　　在《论语》中，孔子将学习者分为三种境界：知之者、好之者、乐之者。他说：

---

　　① 程树德撰：《论语集释·卷14　述而下》，第482页。
　　② 程树德撰：《论语集释·卷2　学而下》，第52页。
　　③ 程树德撰：《论语集释·卷8　里仁下》，第269页。
　　④ 程树德撰：《论语集释·卷33　季氏》，第1101页。

　　知之者不如好之者，好之者不如乐之者。①

　　这里所说的"之"字是指所谓的"道"。孔子一以贯之的学习宗旨是"闻道"，所以说，他所说的"知"是知"道"；"好"是好"道"；"乐"是乐"道"。知、好、乐看似学习态度的不同，实际上是学习者精神境界的区别。"知道"就是对"道"有所了解、有所认识、有所体悟。"好道"就是对"道"有所了解后引发起了对它的兴趣，并不由自主地去追寻它。"乐道"就是从对"道"的体验中得到了无可替代的快乐。在孔子看来，"知道"不如"好道"，"好道"不如"乐道"。在"知""好""乐"三者中，"知"是最低的，其次是"好"，最高的境界是"乐"。在孔子看来，达到"乐道"的境界是很不容易的，但并非达不到，他自己就有这样的体验。《论语·述而篇》说：

　　　　叶公问孔子于子路，子路不对。子曰："女奚不曰，其为人也，发愤忘食，乐以忘忧，不知老之将至云尔。"②
　　　　子曰："饭疏食，饮水，曲肱而枕之，乐亦在其中矣。不义而富且贵，于我如浮云。"③

----

① 程树德撰：《论语集释·卷12　雍也下》，第404页。
② 程树德撰：《论语集释·卷14　述而下》，第479页。
③ 程树德撰：《论语集释·卷13　述而上》，第465页。

这不是一种普通的快乐，不是感官刺激的快乐，而是一种通过学习而获得精神上的愉悦与享受。感官快乐可能会被其他欲望所替代，可能会被恶劣的生活环境所冲淡，精神的快乐则不会。人生活在这种快乐之中，能够忘掉贫困和忧愁，能够忘掉衰老和死亡，因为它已经与"道"融为一体而进入了天地的境界。

在孔子众多弟子中，他认为只有颜回达到了这种境界。孔子说：

> 贤哉，回也！一箪食，一瓢饮，在陋巷，人不堪其忧，回也不改其乐。贤哉，回也！①

住在陋巷之中，吃的是粗茶淡饭，要是其他人一定会感到忧愁和烦恼，可是颜回却仍然能够保持快乐愉悦的心境。这是为什么呢？程颐说：

> "颜子之乐，非乐箪瓢陋巷也，不以贫窭累其心而改其所乐也，故夫子称其贤。"又曰："箪瓢陋巷非可乐，盖自有其乐耳。其字当玩味，自有深意。"又曰："昔受学于周茂叔，每令寻仲尼、颜子乐处，所乐何事？"②

有人说颜回乐的是"道"。程颐说，如果说颜回乐的是

---

① 程树德撰：《论语集释·卷11　雍也上》，第386页。
② （宋）朱熹撰：《四书章句集注·论语集注卷3·雍也第六》，第87页。

"道",那就不是颜回了。但是,颜回乐的显然也不是贫穷,贫穷没有什么可乐的,那他乐的当然是"道"了,为什么程颐认为不对呢?程颐的意思是说,"道"不是个外在的事物,不是一个能够给人带来快乐的对象,所以不能说颜回乐的是"道"。颜回的"乐",是与"道"融为一体后所自有的"乐",是超越于苦乐之上的"乐",而不是由对象引起的"乐"。依程颐看来,在"知之""好之""乐之"三者之中,"知"和"好"都是有对象的。"知"是把"道"作为认识对象,"好"是把"道"作为审美对象,有对象就意味着主体与客体的分离。只有"乐"没有对象,"道"不是"乐"的对象,这就如同在水中自由游动的鱼,鱼不是乐水,而是在水中自有一种说不出来的快乐。这样的乐是天地境界中的人所特有的乐。[1]一个人如果能在学习中找到这样的乐趣,那才是真正找到了返璞归真之道。由此可见,"乐"是孔子发现的关于学习之道的又一个高度与标尺,值得我们认真学习与总结。

二、君子的养成

在《论语》中,以中和为标准,孔子把人格分成四等:中行之人、狂者、狷者、乡愿。

---

[1] 参见陈战国著:《先秦儒学史》,人民出版社 2012 年版,第 70—78 页。

《论语·子路篇》说：

> "不得中行而与之，必也狂狷乎！狂者进取，狷者有所不为也。"①

《论语·阳货篇》说：

> 子曰："乡原，德之贼也。"②

"中行"，是指符合一切中和之道的言行举止。

"狂者"，是指勇于进取但又往往急于求成的人。

"狷者"，是指处事谨慎、进取不力的人。

"乡愿"，是指毫无原则、欺世盗名的小人人格。

在《孔子家语》中，孔子又把人格自下而上界定为五个层次，即庸人、士、君子、贤人、圣人。

《孔子家语·五仪解》说：

> 哀公问于孔子曰："寡人欲论鲁国之士，与之为治，敢问如何取之？"
>
> 孔子对曰："生今之世，志古之道；居今之俗，服古之服。舍此而为非者，不亦鲜乎？"

---

① 程树德撰：《论语集释·卷27 子路下》，第931页。
② 程树德撰：《论语集释·卷35 阳货下上》，第1219页。

曰：“然则章甫绚履、绅带缙笏者，皆贤人也？”

孔子曰：“不必然也。丘之所言，非此之谓也。夫端衣玄裳，冕而乘轩者，则志不在于食荤；斩衰菅菲，杖而歠粥者，则志不在于酒肉。生今之世，志古之道；居今之俗，服古之服，谓此类也。”

公曰：“善哉！尽此而已乎？”

孔子曰：“人有五仪，有庸人，有士人，有君子，有贤人，有圣人。审此五者，则治道毕矣。”

公曰：“敢问何如斯可谓之庸人？”

孔子曰：“所谓庸人者，心不存慎终之规，口不吐训格之言，不择贤以托其身，不力行以自定。见小暗大，而不知所务；从物如流，不知其所执。此则庸人也。”

公曰：“何谓士人？”

孔子曰：“所谓士人者，心有所定，计有所守。虽不能尽道术之本，必有率也；虽不能备百善之美，必有处也。是故智不务多，必审其所知；言不务多，必审其所谓；行不务多，必审其所由。智既知之，言既道之，行既由之，则若性命之于形骸不可易也。富贵不足以益，贫贱不足以损。此则士人也。”

公曰：“何谓君子？”

孔子曰：“所谓君子者，言必忠信而心不怨，仁义在身而色无伐，思虑通明而辞不专。笃行信道，自强不息。油然若将可越，而终不可及者。此则君子也。”

公曰：“何谓贤人？”

孔子曰：“所谓贤人者，德不逾闲，行中规绳。言足以法于天下而不伤于身，道足以化于百姓而不伤于本。富则天下无冤财，施则天下不病贫。此则贤者也。"

公曰："何谓圣人？"

孔子曰："所谓圣人者，德合于天地，变通无方。穷万事之终始，协庶品之自然，敷其大道而遂成情性。明并日月，化行若神。下民不知其德，睹者不识其邻。此谓圣人也。"

公曰："善哉！非子之贤，则寡人不得闻此言也。虽然，寡人生于深宫之内，长于妇人之手，未尝知哀，未尝知忧，未尝知劳，未尝知惧，未尝知危，恐不足以行五仪之教，若何？"

孔子对曰："如君之言，已知之矣。则丘亦无所闻焉。"

公曰："非吾子，寡人无以启其心，吾子言也。"①

　　在上面鲁哀公与孔子关于人格人品的讨论中，我们大致可以触摸到孔子对于社会上人的区分层面。孔子认为，人在社会上可以分为五个等级：

"庸人"，是指那些没有追求，庸庸碌碌、随波逐流的人。

"士人"，是指那些行事有原则，生活有目标，积极上进的人。

"君子"，是指那些有修养、有道德、有文化、有能力的人。

"贤人"，是指那些在品行上能够影响民众的人。

"圣人"，是指那些可以通达天地万物，惠泽百姓，万世

---

① （清）陈士珂辑：《孔子家语疏证·卷1　五仪解第七》，第35页。

师表的人。

由此可以看出，"君子"在孔子的心目中虽然不是最理想的人格，但已经具备了诸如忠信、仁义、思虑通明、笃行信道、志存高远、自强不息等种种的美德。

在《论语》中，"君子"一词出现的频率很高，达107次之多。虽然在孔子的观念中，"圣人"是最高的人格典范，但孔子也明白，并非人人都能成为圣人。孔子说："圣人，吾不得而见之矣，得见君子者，斯可矣。"① 由此可见，孔子是以君子人格来期许自己的。

正因为如此看重君子的人格，孔子长期与弟子们在一起探讨做好君子的事情。

> 　　子贡问于孔子曰："君子所以贵玉而贱珉者，何也？为夫玉之少而珉之多邪！"孔子曰："恶！赐！是何言也！夫君子岂多而贱之，少而贵之哉！夫玉者，君子比德焉。温润而泽，仁也；缜栗而理，知也；坚刚而不屈，义也；廉而不刿，行也；折而不挠，勇也；瑕适并见，情也；扣之，其声清扬而远闻，其止辍然，辞也；故虽有珉之雕雕，不若玉之章章。《诗》曰：言念君子，温其如玉。此之谓也。"②

君子之德似玉，所以孔子以玉比喻君子的德行。

---

① 程树德撰：《论语集释·卷14　述而下》，第487页。
② （清）王先谦撰：《荀子集解·卷第20·法行篇第三十》，第536页。

西汉刘向说：

> 玉有六美，君子贵之。望之温润；近之栗理；声近徐而闻远；折而不挠，阙而不荏；廉而不刿；有瑕必示之于外。是以贵之。望之温润者，君子比德焉；近之栗理者，君子比智焉；声近徐而远闻者，君子比义焉；折而不挠，阙而不荏者，君子比勇焉；廉而不刿者，君子比仁焉；有瑕必见之于外者，君子比情焉。①

玉在古代本是极其珍贵的稀有之物，其极品常常价值连城。孔子以玉比君子之德，强调君子集仁、义、礼、智、信等各种德性于一身，品性高洁，不离世俗，其行为和品德却不为世俗所污染，故《礼记·玉藻》中有"君子无故，玉不去身。君子于玉比德焉"②的说法。

孔子还曾有君子以水比德的说法：

> 子贡问曰："君子见大水必观焉，何也？"孔子曰："夫水者，君子比德焉。遍与而无私，似德；所及者生，似仁；其流卑下句倨，皆循其理，似义；浅者流行，深者不测，似智；其赴百仞之谷不疑，似勇；绰弱而微达，似察；受恶不让，似贞；包蒙不清以入，鲜洁以出，似善化；主量必平，

---

① （汉）刘向撰，向宗鲁校证：《说苑校证·卷第17　杂言》，中华书局1987年版，第437页。

② （清）阮元校刻：《礼记正义·卷第30·玉藻》，第3212页。

似正；盈不求概，似度；其万折必东，似意。是以君子见大水观焉尔也。"①

水善利万物而不争，德、仁、义、智、勇、正等品质兼备，为君子必有，故孔子以水德来比喻君子之德。

在《孔子家语·在厄》篇中，还曾有孔子以兰比君子之德的记载：

芝兰生于深林，不以无人而不芳；君子修道立德，不为穷困而败节。②

兰花身处幽谷，"能白更兼黄，无人亦自芳，寸心原不大，容得许多香"。不以物喜，不以己悲，怪不得孔子对之如此钟情，世今流传《猗兰操》，即是孔子借兰花以自比身世，于此多少可见孔子心目中的君子价值取向。

那么，怎样才算是真正的"君子"呢？或者换句话说，孔子的君子标准究竟有哪些呢？

（1）孔子认为，君子首先应该"文质彬彬"。在《论语·雍也》篇中，孔子说：

质胜文则野，文胜质则史。文质彬彬，然后君子。

---

① （汉）刘向撰：《说苑校证·卷第 17　杂言》，第 434 页。
② （清）陈士珂辑：《孔子家语疏证·卷 5　在厄第二十》，第 148 页。

　　孔子认为，一个人内在质朴如果多于外在的学识、才华，就会显得粗陋不堪；而外在的学识、才华如果胜过了内在的质朴，就会显得轻佻浮华。只有才华与质朴两者搭配适当，才能称作"君子"。

　　（2）孔子要求君子不仅能"独善其身"，还要能"兼济天下"。

　　　　子路问君子，子曰："修己以敬。"曰："如斯而已乎？"曰："修己以安人。"曰："如斯而已乎？"曰："修己以安百姓。修己以安百姓，尧、舜其犹病诸！"①

　　"修己""安人""安百姓"，一个比一个境界高。

　　（3）孔子认为，君子为人应该庄重大方，重道德，慎交友，有了过错，能够随时改正。

　　　　子曰："君子不重则不威，学则不固。主忠信。无友不如己者。过则勿惮改。"②

　　（4）孔子认为，君子应"好学"。

　　　　子曰："君子食无求饱，居无求安，敏于事而慎于言，就有道而正焉，可谓好学也已。"

---

　　① 程树德撰：《论语集释·卷30　宪问下》，第1041页。
　　② 程树德撰：《论语集释·卷2　学而下》，第33—36页。

（5）孔子认为，君子应该学问博雅阔达，不应只钻研通晓一门学问。

　　　　子曰："君子不器。"①

（6）孔子认为，君子应该具有践行力、实践力，说话谨慎，勤于做事。

　　　　子贡问君子。子曰："先行其言，而后从之。"②
　　　　子曰："君子欲讷于言而敏于行。"③
　　　　子曰："君子耻其言而过其行。"④

（7）孔子认为，君子应该具有大局观，讲团结，不拉帮结派。

　　　　子曰："君子周而不比，小人比而不周。"⑤
　　　　子曰："君子和而不同，小人同而不和。"⑥

（8）孔子认为，君子应该为而不争，即使"争"，也要符合礼节。

① 程树德撰：《论语集释·卷3　为政上》，第96页。
② 程树德撰：《论语集释·卷3　为政上》，第97页。
③ 程树德撰：《论语集释·卷8　里仁下》，第278页。
④ 程树德撰：《论语集释·卷29　宪问中》，第1010页。
⑤ 程树德撰：《论语集释·卷3　为政上》，第100页。
⑥ 程树德撰：《论语集释·卷27　子路下》，第935页。

子曰："君子无所争，必也射乎！揖让而升，下而饮。其争也君子。"①

子曰："君子矜而不争，群而不党。"②

（9）孔子认为，君子应该具备根据实际情况发展自己事业的能力。

子曰："君子之于天下也，无适也，无莫也，义之与比。"③

（10）孔子认为，君子应该重视"德""义"，不以私利为重。

子曰："君子怀德，小人怀土；君子怀刑，小人怀惠。"④

子曰："君子喻于义，小人喻于利。"⑤

（11）孔子认为，君子应该行为端庄，对上负责，对下爱护。

子谓子产，"有君子之道四焉：其行己也恭，其事上也敬，其养民也惠，其使民也义。"⑥

① 程树德撰：《论语集释·卷5　八佾下》，第153页。
② 程树德撰：《论语集释·卷32　卫灵公下》，第1104页。
③ 程树德撰：《论语集释·卷7　里仁上》，第247页。
④ 程树德撰：《论语集释·卷7　里仁上》，第250页。
⑤ 程树德撰：《论语集释·卷8　里仁下》，第267页。
⑥ 程树德撰：《论语集释·卷10　公冶下》，第326页。

（12）孔子认为，君子对人对事，应保持一个合理的尺度和原则。

子华使于齐，冉子为其母请粟，子曰："与之釜。"请益，曰："与之庾。"冉子与之粟五秉。子曰："赤之适齐也，乘肥马，衣轻裘。吾闻之也，君子周急不继富。"①

（13）孔子认为，君子应该胸怀坦荡、光明利落，不惑不忧不惧，泰而不骄。

子曰："君子坦荡荡，小人长戚戚。"②

司马牛问君子，子曰："君子不忧不惧。"曰："不忧不惧，斯谓之君子已乎？"子曰："内省不疚，夫何忧何惧？"③

子曰："君子泰而不骄，小人骄而不泰。"④

子曰："君子道者三，我无能焉：仁者不忧，知者不惑，勇者不惧。"子贡曰："夫子自道也。"⑤

（14）孔子认为，君子应该摈弃凭空猜测、绝对肯定、拘泥固执、自以为是四种毛病。

---

① 程树德撰：《论语集释·卷11　雍也上》，第 369—371 页。
② 程树德撰：《论语集释·卷14　述而下》，第 504 页。
③ 程树德撰：《论语集释·卷24　颜渊上》，第 827 页。
④ 程树德撰：《论语集释·卷27　子路下》，第 939 页。
⑤ 程树德撰：《论语集释·卷29　宪问中》，第 1011 页。

子绝四：毋意、毋必、毋固、毋我。①

（15）孔子认为，君子"成人之美"。

子曰："君子成人之美，不成人之恶。小人反是。"②

（16）孔子认为，君子尽职敬业，能够真正做到"量才使用"。

子曰："君子易事而难说也。说之不以道，不说也。及其使人也，器之。小人难事而易说也。说之虽不以道，说也，及其使人也，求备焉。"③
子曰："君子不以言举人，不以人废言。"④

（17）孔子认为，君子重"仁"，追求并且通达"仁义"。

子曰："君子而不仁者有矣夫，未有小人而仁者也。"
子曰："君子上达，小人下达。"⑤

（18）孔子认为，君子学习是为了充实自己，并非用它

---

① 程树德撰：《论语集释·卷17　子罕上》，第573页。
② 程树德撰：《论语集释·卷25　颜渊下》，第863页。
③ 程树德撰：《论语集释·卷27　子路下》，第937—938页。
④ 程树德撰：《论语集释·卷32　卫灵公下》，第1106页。
⑤ 程树德撰：《论语集释·卷28　宪问上》，第957页。

来装饰门面。

> 子曰："古之学者为己，今之学者为人。"

（19）孔子认为，君子在最困难的时候能够坚守底线而不改变自己坚持的原则。

> （孔子师徒）在陈绝粮，从者病，莫能兴。子路愠见曰："君子亦有穷乎？"子曰："君子固穷，小人穷斯滥矣。"①

（20）孔子认为，君子做人公正，行为合礼，语言谦虚，态度忠诚。

> 子曰："君子义以为质，礼以行之，孙以出之，信以成之。君子哉！"②

（21）孔子认为，君子严格要求自己，始终注重增长自己的才能。

> 子曰："君子求诸己，小人求诸人。"③
> 子曰："君子病无能焉，不病人之不己知也。"④

---

① 程树德撰：《论语集释·卷31　卫灵公上》，第1050页。
② 程树德撰：《论语集释·卷32　卫灵公下》，第1100页。
③ 程树德撰：《论语集释·卷32　卫灵公下》，第1103页。
④ 程树德撰：《论语集释·卷32　卫灵公下》，第1102页。

（22）孔子认为，君子"谋道不谋食"。

子曰："君子谋道不谋食。耕也，馁在其中矣；学也，禄在其中矣。君子忧道不忧贫。"①

（23）孔子认为，君子重信义而不拘小节。

子曰："君子贞而不谅。"②

子曰："君子义以为上。"③

（24）孔子认为，君子有"三戒""三畏""九思"。

孔子曰："君子有三戒：少之时，血气未定，戒之在色；及其壮也，血气方刚，戒之在斗；及其老也，血气既衰，戒之在得。"

孔子曰："君子有三畏：畏天命，畏大人，畏圣人之言。小人不知天命而不畏也，狎大人，侮圣人之言。"

孔子曰："生而知之者，上也；学而知之者，次也；困而学之，又其次也；困而不学，民斯为下矣。"

孔子曰："君子有九思：视思明，听思聪，色思温，貌思恭，言思忠，事思敬，疑思问，忿思难，见得思义。"④

---

① 程树德撰：《论语集释·卷32　卫灵公下》，第 1119 页。
② 程树德撰：《论语集释·卷32　卫灵公下》，第 1124 页。
③ 程树德撰：《论语集释·卷35　阳货下》，第 1241 页。
④ 程树德撰：《论语集释·卷33　季氏》，第 1154—1159 页。

（25）孔子认为，君子有四憎：讨厌总说别人坏话的人；讨厌处在下位却诽谤上级的人；讨厌刚愎自用、顽固不化的人；讨厌勇而无礼的人。

> 子贡曰："君子亦有恶乎？"子曰："有恶。恶称人之恶者，恶居下流而讪上者，恶勇而无礼者，恶果敢而窒者。"曰："赐也亦有恶乎？""恶徼以为知者，恶不孙以为勇者，恶讦以为直者。"①

（26）孔子认为，君子"知命""知礼""知言"。

> 孔子曰："不知命，无以为君子也；不知礼，无以立也；不知言，无以知人也。"②

（27）孔子认为，君子不仅在世时要道德高尚、积极进取，更要以立"万世名"为远大理想。

> 子曰："君子疾没世而名不称焉。"③
> 《左传》说："'太上有立德，其次有立功，其次有立言。'虽久不废，此之谓不朽。"④

孔子说："作为君子，应担心自己死后的名字不为人所

---

① 程树德撰：《论语集释·卷35　阳货下》，第1242—1243页。
② 程树德撰：《论语集释·卷39　尧曰》，第1375—1379页。
③ 程树德撰：《论语集释·卷33　卫灵公下》，第1102页。
④ （清）阮元校刻：《春秋左传正义·卷第35·襄公二十四年》，第4297页。

称道。"

司马迁在《史记·孔子世家》中说：

> 子曰："弗乎弗乎，君子病没世而名不称焉。吾道不行
> 矣，吾何以自见于后世哉？"乃因史记作《春秋》。①

"弗"通"怫"，悒郁不快之义。孔子力图在"为政"上
有所作为，而"道不行"，"道不行"则"没世而名不称"，这
使他十分焦虑，于是便在晚年放下一切，集中心力根据鲁国的
"史记""作《春秋》"。

总之，在《论语》等书中，多处记载着孔子教诲其弟子
如何造就君子品格的言论，要怎样、不要怎样、为什么、怎
么办，浅显易懂，容易践行。

《论语》中说：

> 子以四教：文行忠信。②

孔子从四个方面教育弟子，除了文化知识外，其余三个
方面"行""忠""信"全都事关君子人格的培养。

总之，"孔子的理想目标是圣人和仁人，现实目标是培
养君子和有恒者。"③孔子以能够成为君子为现实目标。孔子

---

① （汉）司马迁撰：《史记·卷47　孔子世家第十七》，第1943页。
② 程树德撰：《论语集释·卷14　述而下》，第486页。
③ 李零著：《丧家狗——我读〈论语〉》，山西人民出版社2007年版，第353页。

的君子观，他所认定的君子品格的诸要素，如自强不息、厚德载物、勤勉、力行、诚信、谦恭、勇敢、智慧、仁爱、不忧、不惧、"济世"、"安百姓"等等，至今仍不失其现实意义和人生指导意义。

三、践仁而得仁

孔子的学说基本上是一种政治伦理学说，孔学的范畴主要就是政治学和伦理学的范畴，在这两个范畴中，仁与礼是孔子政治思想的两大支柱。如果说，"礼"是周代国家根本大法，是周代国家政治、社会秩序的集中浓缩的话，是孔子对三代政治文化总结外化的话，"仁"则是孔子对人之所以为人的一种开创性的探索，是关于成就人的道德的一门学问。成就道德，实际上就是通过践仁而造就一个高尚的人、一个纯粹的人，一个脱离了只知道酒色财气、"饮食男女"层面低级趣味的人。也就是说，"礼"表现为道德的行为实践，"仁"表现为道德的思想实践。"仁"是一个思想实践的问题，而不是抽象的理论问题，成就道德，就是要在"践仁"上下足功夫。

"仁"的发现，是孔子对中国人文文化的一大贡献，是孔学发展历史上的一个重大事件。从一定程度上说，孔子的"仁"，既是对个人品质升华的要求，又是人与人之间和谐关系的实际需要。仁是孔子伦理政治之大本，是孔子的最核心的政治精神。

　　孔子对于"人"的发现，最集中地体现在孔子思想的核心部分"仁"的上面。"仁"可以说是孔子的对人的一大发现，是对中国哲学的一个填补。正是经孔子之手，把"仁"发展充实成为贯穿着他整个思想体系的总纲领，并在中国历史上第一次将"仁"完善成为一种人本哲学。

　　从孔学的体系来看，孔子体现人本哲学的"仁"，对内就是修身以达到精神与道德的最高境界"君子"；体现在政治上，就是博施济众的仁政，就是以周礼为其外在表现形式；体现在教育上，就是有教无类，就是一系列符合人性的教育思想与教育方法，就是促进人的全面发展；而作为实现仁的思想方法，则是以"中和"为标志的中庸之道，即矛盾对立统一，相克相生下的执中、中正与中和。"执其两端，用其中于民"①，"允执其中"，提倡"和而不同"，即保持对立面的和谐和共存，而不是硬性消除对立面之间的差异，反对"过犹不及"等等。就是因为在孔子庞大思想体系之中有"仁"提纲挈领，而这个"仁"又是以人为本，所以他才"不语怪力乱神"，罕言"命、性"与天道，从而使他的仁学精神，由原始的道德观念上升为具有实践意义和人文精神的哲学范畴。②

---

　　①　（清）阮元校刻：《礼记正义·卷第52·中庸第三十一》，第3528页。
　　②　参见李木生著：《布衣孔子》，东方出版社2013年版，第63—64页。

　　孔子将治理国家与人们各阶层人际关系的处理作了较好的结合，把人际关系概括为君臣、父子、兄弟、朋友四个方面，夫妇问题基本没有涉及。至于如何处理好人际关系，他用过许多概念，如仁、义、礼、智、信、温、良、恭、俭、让、忠、恕、孝、悌、刚、毅、木、讷等，要之，还是以仁、礼为核心，以此上升为他的治国理政的基本纲领。

　　"仁"这个字在孔子以前虽然已经出现，但在《论语》之前的文献中却不多见。据有人统计，《尚书》里只有一次提到"仁"，《诗经》中提到两次，《国语》中提到二十四次，《左传》中提到三十三次，而一部《论语》，四百九十九段，竟然有五十八段讨论"仁"的问题，一百零九次提到"仁"，并从各种角度对"仁"进行阐释。①

　　仁主要包括以下几方面的内容：

　　第一，仁，指的是血缘关系范围内的"爱亲"。"爱亲"是仁的一个最基本的规定。

　　早在孔子之前，就已有"为仁者，爱亲之谓仁"②的说法；而在孔子之后，孟子也曾指出："亲亲，仁也。"③《中庸》里说："仁者，人也，亲亲为大。"④《说文》则直接把仁

----

① 参见李木生著：《布衣孔子》，东方出版社 2013 年版，第 63 页。
② （春秋）（旧题）左丘明撰，徐元诰集解：《国语集解·晋语一第七·8 优施教骊姬夜半而泣谓公曰》，第 264 页。
③ （清）焦循撰：《孟子正义·卷 24　告子章句下·三章》，第 818 页。
④ （清）阮元校刻：《礼记正义·卷第 52·中庸第三十一》，第 3535 页。

定义为"亲也"。所谓亲也、亲亲、爱亲等等，都是指在一定
血缘关系范围内人们之间的相亲相爱的一种和谐秩序状态。

孔子把"爱亲"作为仁最基本的含义，并视其为仁之本质
与根本。《论语·学而篇》里有一个经典的表达："君子务本，
本立而道生。孝弟也者，其为仁之本与！"① 基于血缘的爱亲，
是仁之根本。反之，就是不仁。《论语·阳货篇》中孔子斥责
认为三年之丧太长的弟子宰我说："予之不仁也！子生三年，
然后免于父母之怀。夫三年之丧，天下之通丧也。予也有三年
之爱于其父母乎！"②

第二，孔子的仁以"孝悌"为本，而又不局限于爱亲。
他把基于血缘之爱的仁扩展到爱无血缘关系的其他人。所谓
仁者，爱人也。《论语·颜渊篇》里载："樊迟问仁，子曰爱
人。"③《论语·学而篇》提倡："泛爱众，而亲仁。"④ 仁的
最高境界是"博施于民，而能济众"。但是，孔子的泛爱众，
不是无差别的平等之博爱。他的仁者爱人，强调爱有差等。
他主张根据人与人之间血缘关系的远近和政治地位的尊卑，
爱人要有差等。如君对臣之爱，符合礼即可，所谓"君使臣
以礼"，而臣对君之爱，则表现为忠，所谓"臣事君以忠"。

---

① 程树德撰：《论语集释·卷1　学而上》，第13页。

② 程树德撰：《论语集释·卷35　阳货下》，第1237页。

③ 程树德撰：《论语集释·卷25　颜渊下》，第873页。

④ 程树德撰：《论语集释·卷1　学而上》，第27页。

因尊卑不同，爱应有差等。同样，因血缘远近，爱也应有程度之别。

仁表现在内，体现为四种品质。在《论语·子路篇》中，孔子说："刚、毅、木、讷，近仁。"① 在孔子看来，实践仁并非难事，只要人能做到刚强、坚毅、质朴、慎言，就离仁不远了。

仁表现在外，体现为五种品质。《论语·阳货篇》里，子张问孔子什么是仁，孔子曰："能行五者于天下为仁矣。"子张请问是哪五种品德，子曰："恭、宽、信、敏、惠。恭则不侮，宽则得众，信则人任焉，敏则有功，惠则足以使人。"②

如何践仁？孔子提出了由己及人的践行方法。"子曰：志于道，据于德，依于仁，游于艺。"③ 当子贡请教孔子："有一言可以终身行之者乎？"孔子回答："其恕乎！己所不欲，勿施于人。"④ "夫仁者，己欲立而立人，己欲达而达人。能近取譬，可谓仁之方也已。"⑤ "己所不欲，勿施于人"是恕，"己欲立而立人，己欲达而达人"是忠。孔子的弟子曾参曾经总结说："夫子之道，忠恕而已矣。"⑥

---

① 程树德撰：《论语集释·卷27　子路下》，第940页。
② 程树德撰：《论语集释·卷34　阳货上》，第1199页。
③ 程树德撰：《论语集释·卷13　述而上》，第443页。
④ 程树德撰：《论语集释·卷32　卫灵公下》，第1106页。
⑤ 程树德撰：《论语集释·卷12　雍也下》，第428页。
⑥ 程树德撰：《论语集释·卷8　里仁下》，第263页。

按照孔子的说法，"忠"乃是"己欲立而立人，己欲达而达人"。用现在的话说，就是要让自己站得住，同时也要让别人站得住；自己要事事行得通，同时也要让别人事事行得通。显然，在孔子那里，"忠"不是像后世所理解的那样，专指封建社会中处理君臣关系的道德规范。实际上，"忠"具有更为广泛的含义。诸如"子以四教：文、行、忠、信"，"主忠信"，"与人忠"，"为人谋而不忠乎"，"忠焉，能勿诲乎"，"言忠信，行笃敬"，等等，就是这方面的例子。这里所说的忠，都包含着真心诚意，积极为人的意思。因此说，"忠"是"爱人"的积极方面的表现。

对"恕"，孔子也有明确的解释。这就是"其恕乎！己所不欲，勿施于人"。这是说，作为可以终身奉行的信条来说，大概就是"恕"道了，即自己所不愿意的任何东西，不要强加在别人身上去。由此可以看出，"恕"包含着"宽恕""容人""成人之美"的意思。这就是孔子所提倡的"不念旧恶，怨是用希"①与人为善的品德。

孔子的"忠恕"思想，作为道德规范构成了"仁"的主要内容，是"爱人"观念的理论升华。同时，作为对人们行为施与控制的手段，即为仁之方，则成为人们进行道德修养、培植高尚情操的有效手段。换句话说，"忠恕"不仅是理论

---

① 程树德撰：《论语集释·卷10 公冶下》，第345页。

的，更是实践的，即要把"忠恕"精神贯彻于每个人的立身处世、待人接物的日用之中。

"忠恕"精神的培养和"忠恕"行为的运作，二者是统一的。概括起来，其要点大致如下：

第一，无论对人对事，"忠"重在尽心，对任何事情都要竭诚去做，尽力而为，从自己的角度尽到应有的责任；而"恕"则重在关心，即无论对人对事，都要细心体察，正如在《论语·颜渊》中孔子所言："己所不欲，勿施于人"。也即《礼记·中庸》中所说："施诸己而不愿，亦勿施于人。"①

第二，对自己而言，"忠"是要发挥主观能动的努力，要尽其在我，而"恕"则要随时应变，以适应各种不同的情况；对人而言，忠要设身处地，有诚恳为人之心，而恕则要推己及人，无丝毫害人之意。

第三，忠、恕都要基于仁者"爱人"之感情。论忠，宁可自己吃亏也不要亏待别人，做到"博施于民而能济众"；论恕，宁可多原谅别人，不应只原谅自己，实行"躬自厚而薄责于人"，不成人之恶。总之，孔子的"忠恕"之道，是包括着存心与行为、己与人这两个方面的。但孔子并不是把它们同等看待的。相反，孔子认为，要想处理好人际之间以及个人与社会之间的关系，重点是在"自己"的方面，在自己的

---

① （清）阮元校刻：《礼记正义·卷第52·中庸第三十一》，第3531页。

道德完善，在自己的"存心""养心"方面。而自身的道德完善，又取决于个人的道德修养和心灵的完善。因此，人要获得"忠""恕"的品行，自觉地和谐人与人、人与国家和社会的关系，就必须从"己"的方面做起，把完善人的内心世界和修身作为一个基础性的环节。

孔子所创立的儒家学派，是最看重社会道德的。不仅把它视为个人修身的主要内容，同时又把它作为推行教化社会、调节人际关系的重要手段。即使在今日现代之社会，它也仍然在发挥它的积极影响和作用①。

总之，孔子的"忠""恕"即从眼前的事情推及其他，从自身推及别人的实践仁道的方法。忠在尽己，恕以及人。孔子的己立己达，是忠；立人达人，是恕。孔子认为，忠恕，可以做到，却不容易推行。如果真正能行忠恕之道，则"违道不远"，可成圣人了。君主能践行，不仅本人可以成为圣人，而且能成就王道政治。

关于如何践行"仁"，孔子自己的回答是最可靠的。他说："人而不仁，如礼何？人而不仁，如乐何？"②在孔子看来，如果失去"仁"，礼乐就无从谈起。

对于行仁，孔子还提出了另一个重要的命题："克己复礼

---

① 参见山东省人民政府台湾事务办公室、金陵之声广播电台编：《孔子思想与现代文明》，中国广播电视出版社 1990 年版，第 46—48 页。

② 程树德撰：《论语集释·卷 5　八佾上》，第 142 页。

为仁。一日克己复礼，天下归仁焉。"① 在这里，复礼是行仁的最终目的，而克己则是复礼之必由途径。

孔子在解决社会问题时，力图从根本处着眼，他认为解决社会问题，根本在于提高人的道德水平；行仁之道，关键处是做好"修身"。

《礼记·大学》篇中云：

> 自天子以至于庶人，壹是皆以修身为本。②

《大学》作者将儒家道德理想主义简明概括为"三纲八目"。

"大学之道，在明明德，在亲民，在止于至善"，这是三纲。"明明德"是内圣，而"亲民"是外王，"止于至善"也可以说是德福的圆满之实现，是内圣外王的实现。

至于八目，《礼记·大学》篇中曰：

> 古之欲明明德于天下者，先治其国；欲治其国者，先齐其家；欲齐其家者，先修其身；欲修其身者，先正其心；欲正其心者，先诚其意；欲诚其意者，先致其知，致知在格物。③

---

① 程树德撰：《论语集释·卷 24　颜渊上》，第 817 页。
② （清）阮元校刻：《礼记正义·卷第 60·大学第四十二》，第 3631 页。
③ （清）阮元校刻：《礼记正义·卷第 60·大学第四十二》，第 3631 页。

　　八目包括格物、致知、诚意、正心、修身、齐家、治国、平天下。八目之中，"修身"则居于承上启下的地位，作用也是最为重要。

　　在《论语》里，孔子从各个角度来谈如何"克己"。

　　"修己"是其中一途。子路问什么叫君子，孔子的答案是："修己以敬"，"修己以安人"，"修己以安百姓。"①

　　"约"则是孔子提出的另外一重要方法。他说："以约失之者鲜矣。"②意思是以礼约束自己，所犯错误就会减少。他又说："君子博学于文，约之以礼，亦可以弗畔矣夫！"③颜渊说："夫子循循然善诱人，博我以文，约我以礼。"④颜回就是约束自己的典型，所以孔子盛赞道："贤哉，回也！一箪食，一瓢饮，在陋巷，人不堪其忧，回也不改其乐。贤哉，回也！""自戒"是克己的又一种方式。在《论语·季氏篇》中，孔子说："君子有三戒：少之时，血气未定，戒之在色；及其壮也，血气方刚，戒之在斗；及其老也，血气既衰，戒之在得。"《论语·学而篇》里说："君子食无求饱，居无求安，敏于事而慎于言，就有道而正焉，可谓好学也已。"这也是教人"自戒"。

　　孔子还提倡"自讼""自省"和"自责"，其意仍在于克

---

　　① 程树德撰：《论语集释·卷30　宪问下》，第1041页。

　　② 程树德撰：《论语集释·卷8　里仁下》，第277页。

　　③ 程树德撰：《论语集释·卷12　雍也下》，第417页。

　　④ 程树德撰：《论语集释·卷17　子罕上》，第594页。

己。在《论语·里仁篇》中，孔子曰："见贤思齐焉，见不贤而内自省也。"《论语·学而篇》里，曾子把这个问题讲得更清楚，"吾日三省吾身：为人谋而不忠乎？与朋友交而不信乎？传不习乎？①"在《论语·卫灵公篇》里，孔子说："躬自厚而薄责于人，则远怨矣。"②因此对于当时人少有自我检讨的情形，孔子感慨良多："已矣乎！吾未见能见其过而内自讼者也。"③

除此之外，《论语》中还多次讲到"慎言"与"慎行"，这也算是克己践仁的一种方式。尤其是，孔子还讲到一种极端克己的方式——"无争"。《论语·八佾篇》里说："君子无所争。"《论语·卫灵公篇》里说："君子矜而不争。"《论语·泰伯篇》里曾子说"犯而不校"，即便别人触犯自己也不去计较。

由此可见，在孔子看来，把克己的精神用于对人就是忠恕，就是爱人，就是践仁。孔子的仁是指一个人内在的道德品质，它源于血缘之亲，立足于自我，以反身求己的实践为根本。所以，孔子在谈到为人处世的准则时说："仁远乎哉？我欲仁，斯仁至矣。"④"为仁由己，而由人乎哉？"⑤克己、爱人、复礼形成三位一体，内在精神修养与外在行为规范相互制约、相互补充。孔子由此把高尚和平庸、内美和外辱、精

---

① 程树德撰：《论语集释·卷1　学而上》，第18页。
② 程树德撰：《论语集释·卷32　卫灵公下》，第1097页。
③ 程树德撰：《论语集释·卷10　公冶下》，第357页。《论语·长篇》。
④ 程树德撰：《论语集释·卷14　述而下》，第495页。
⑤ 程树德撰：《论语集释·卷24　颜渊上》，第817页。

神满足与自我约束、个人需求与社会责任高度统一了起来，成为成就人格最理想的伦理原则，成为国家治理的有机组成部分。

结　语　孔子治国论

　　孔子是儒家学派的创始人。孔子的政治思想与治国之道，主要反映在他与其弟子及时人的谈话汇录《论语》一书中。孔子编定的"六艺"，也在一定程度上反映了他的政治思想。除此之外，《庄子》《韩非子》《吕氏春秋》《淮南子》《史记》《说苑》《韩诗外传》等书中也都多少涉及孔子言论以及原始儒学的史料，这些都构成了我们今天研究孔子的主要文献资料。

一、法乎上：大同世；法乎中：小康世

　　政治理想是政治思想家们对理想社会的美好设计与描绘，是对人类政治终极走向的一种价值性的判断和确定，具有普遍性的意义。政治理想制约着政治思想体系的价值取向和理论构架，所以，把握政治理想对于理解政治思想十分重要。

　　能不能提出一个政治理想国理论和具有普遍意义的政治

原则，是衡量能否成为政治思想家的一个基本标准。西方柏拉图的理想国是拥有智慧、勇敢、节制和正义这四种美德组成的"公正"之国。孔子的理想国则可以称为"有道之世"。"有道之世"的理想国是针对"无道"现实而发的，最高境界包括"大同"和"小康"两个层次，其核心点是"天下为公"。

《礼记·礼运》篇中记载有孔子所推崇的"天下为公"的大同理想：

> 大道之行也，天下为公，选贤与能，讲信修睦。故人不独亲其亲，不独子其子。使老有所终，壮有所用，幼有所长，鳏寡孤独废疾者，皆有所养，男有分，女有归。货恶其弃于地也，不必藏于己；力恶其不出于身也，不必为己。是故谋闭而不兴，盗窃乱贼而不作，故外户而不闭，是谓大同。

这个理想国的总纲是"天下为公"，这是一幅以原始公有制社会为摹本而设计出来的理想社会蓝图，其间人们对远古社会美好的回忆清晰可辨。在这个理想社会里，财产公有，政治民主，人人各尽其能，人与人之间平等、博爱，各得其所，社会安定，没有盗贼，也没有战争，一派安定和谐的景象。

孔子的天下大同的理想社会，不是发思古之幽情，更不是要求历史倒退，它表达了孔子对"礼崩乐坏""天下无道"的社会现实的不满和批判，也寄寓了孔子对美好社会的向往与憧憬。

世界大同，今日似乎尚遥不可及，与"大同"等而下之的便是"小康"社会。

《礼记·礼运》篇接下来描述道：

> 今大道既隐，天下为家。各亲其亲，各子其子，货力为己。大人世及以为礼，城郭沟池以为固。礼义以为纪：以正君臣，以笃父子，以睦兄弟，以和夫妇，以设制度，以立田里，以贤勇知，以功为己。故谋用是作，而兵由此起。禹、汤、文、武、成王、周公，由此其选也。此六君子者，未有不谨于礼者也。以著其义，以考其信，著有过，刑仁讲让，示民有常。如有不由此者，在埶者去，众以为殃。是谓小康。

儒家所讲的小康社会是夏、商、周三代的"天下为家"的理想社会。

在这样的社会里，尽管大道已隐，但城池坚固，以"礼义"来维系君臣、父子、兄弟夫妇之间的关系，人们谨慎地依礼法行事，并且用礼来表明道义，考查诚信，辨明过错，效法仁爱，讲求谦让，向民众昭示为人做事的常规。如果有不遵守这种礼法常规的人，即使是执掌权力者，也要撤职去位，被民众视为祸殃。可见，孔子的所谓"小康"世是一种礼法完备、赏罚严明、秩序井然、君主圣贤、人人和谐相处的有序社会状态。在这种社会中，虽然人们"各亲其亲，各子其子，货力为己"，但是，毕竟礼法整肃，赏罚有度，诚信仁爱，谦恭礼让，帝王亦谨行其礼，民众皆遵守常规，违背礼法者，一律加以处罚，即使是当权者也不例外。在孔子所处的礼崩乐坏地战乱时代，这无疑也是一种理想的社会模式。

二、主张仁、讲求礼、行中庸、重德治

仁与礼是孔子政治思想的两大支柱。

孔子将治理国家与人际关系的处理作了较好的结合，把人际关系概括为君臣、父子、兄弟、朋友四个方面，夫妇问题基本没有涉及。如何处理好人际关系，他用过许多概念，如仁、义、礼、智、信、温、良、恭、俭、让、忠、恕、孝、悌等等，要之，还是以仁、礼为总纲，以此上升为他的治国理政纲领。

第一，仁是孔子的伦理政治之根本。

"'仁'这一个词在孔子以前已广泛应用，但作为哲学范畴的提出，是从孔子开始的。"[①]

春秋时，人们把亲敬尊长、爱众庶、忠君主皆称为仁。孔子把春秋时期仁的观念发展为系统的仁学。

据杨伯峻先生在《论语译注》一书中统计，在《论语》中，孔子讲"仁"的地方共 109 次，讲礼的地方出现了 75 次。孔子提出"仁"的概念可以说是他全部思想的核心，它

---

① 任继愈主编：《中国哲学史》第一册，人民出版社 1963 年版，第 72 页。

是"礼"的根本内涵，是伦理道德的基本依据，是做人的根本道理，是人们应该追求的最高境界。在《论语》中，孔子从各个角度论述了仁的本质、含义，致仁的方法。

大致来说，"仁讲的是处理人际关系的精神指导，要之可归纳为三点，即克己、爱人、复礼。"[①]

克己、爱人、复礼形成三位一体，内在精神修养与外在行为规范相互制约、相互补充。孔子由此把高尚和平庸、内美和外辱、精神满足与自我约束高度统一起来，成为统治者最理想的伦理原则。

第二，礼是孔子的伦理政治的实体。

礼讲的是处理人际关系的行为规范。"在实践活动中，孔子的礼是人的界碑。"[②]孔子所要实行的礼，基本是周礼，正如他自己所讲："周监于二代，郁郁乎文哉！吾从周。"[③]孔子认为他生活的时代是"天下无道"的时代，"有道"的时代是西周。由于周礼已衰，而自己对春秋以来的礼崩乐坏又十分不满，故而孔子提出了"复礼"的主张，并且以此作为他的终身的使命，矻矻孜孜地追求不懈。

第三，在仁与礼的关系问题上，仁为礼的内在精神，礼是仁的外在表现。

---

① 刘泽华、葛荃主编：《中国古代政治思想史》，第34页。
② 刘泽华著：《中国政治思想史集》第一集，人民出版社2008年版，第229页。
③ 程树德撰：《论语集释·卷6　八佾下》，第182页。

　　仁是基于血缘之亲而扩展的内在的道德品质，礼则是外在的行为规范和社会政治规范。两者既相互区别，又相辅相成，共同构成孔子政治思想的两个核心概念。

　　首先，仁重自律，礼在他律。前者作为一种道德品性，重在自我修养，所谓"君子求诸己，小人求诸人"①。后者作为外在规范，强调遵守。

　　其次，仁是礼的内在精神，礼是仁的外在表现。孔子认为"人而不仁如礼何？人而不仁如乐何？"②如果没有仁的内在品质，就不可能使自己的视听言动都符合礼的规范。仁学，是在"礼崩乐坏"的背景下产生的。三代以来的礼乐文化，到了春秋之时，已逐渐难以维系人心，礼作为外在的规范和制度也已废弛，社会陷入无序状态。孔子在这样的背景下为礼这种外在的硬性规范找到了一个内在的支撑点。

　　再次，仁是礼的最高境界，礼是实现仁的途径。如前所述，"克己复礼为仁，一日克己复礼，天下归仁焉"。孔子主张通过礼的节制，达到天下归仁的境界。人的言行视动，都在礼的约束下，才是归仁的途径。礼则是仁的政治目标。

　　最后，仁与礼结合，实际上是血缘关系与社会等级关系的结合，人道与政治的结合。仁是一种伦理观念和品德，礼是一种伦理规范和政治制度。一方面，用道德的力量来促进

---

① 程树德撰：《论语集释·卷32　卫灵公下》，第1103页。
② 程树德撰：《论语集释·卷5　八佾上》，第142页。

和约束人们遵守礼制；另一方面，可利用礼制的强制力量来保证仁德的修行。复礼和归仁互为因果，最终达到维护西周以来的宗法等级秩序的政治目的。

第四，中庸是孔子力行哲学的理论基础。

孔子不只是重视政治之正和道德伦理原则的实行，他更主张在实际政治与社会生活中培养人"中庸之道"的思维方式。

孔子的政治思维方式即中庸之道。

"中庸之道"是儒家思想的重要组成部分，它不仅仅是一个道德范畴，还是儒家思想最高的道德准则和思维方式，决定着儒家如何处理政治关系和作出政治决策。

"中庸"是孔子提出来的，"中庸之为德也，甚至矣乎！民鲜久矣！"[1]孔子提出的中庸继承自古代圣贤"中"的思想。据《论语·尧曰篇》记载："尧曰：'咨！尔舜！天之历数在尔躬，允执其中。四海困穷，天禄永终。'舜亦以命禹。"[2]尧禅让帝位给舜时告诫说：舜呀！天让你坐上帝王的位子，你治国爱民要一视同仁，做到公平、公正。如果四海的百姓都很穷困，你的帝位就坐不成了。舜禅让帝位时也这样告诫禹。这里的中是公正、公平的意思。孔子把尧舜的治国方针推广到人们处事的一切言行，首次提出了中庸的概念。孔子之孙子思记录了孔子在这方面的论述，并将之传于孟子，辑

① 程树德撰：《论语集释·卷12　雍也下》，第425页。《论语·篇》。
② 程树德撰：《论语集释·卷39　尧曰》，第1345—1349页。

成一书名曰《中庸》。《中庸》亦被后人推崇为"实学"，被视为人们可以终身享用的儒学经典。

孔子的"中庸"政治思维，以"用中"为本义，以"中和"即对立面的统一，系统的整合来求"中正"，"时中"和"权"是根据情势的变化灵活追求实现"中正"。"用中""中和""时中"和"权"在以儒家思想为主流的中国古代政治文化中，起着重要的政治价值论、方法论的作用。中庸思想可谓"致广大而尽精微，极高明而道中庸"，内中蕴含着妙不可言的政治智慧和政治艺术。诚然，"中庸"思想在政治层面上，旨在维护帝业，使君臣相济、上下相安，以及维护等级秩序、劝民安身守己等内容，但其"和而不同""发皆中节"中正不倚"无过不及""通权达变"等具有恒常价值的因素，在今日的政治关系乃至一般的社会关系中，仍然是极具启迪价值的。

第五，重视德治。

孔子十分重视道德在政治中的作用，主张政治应该与道德实践相结合，甚至认为政治中的根本问题就是如何保证民众道德的实践问题。在孔子看来，德政是统治者影响民众和获得民众支持的根本所在。

在孔子看来，所谓德治，实际上就是仁、礼学说在治国方式上的具体体现。既然仁是礼的内在精神，礼是仁的外在表现，那么，礼最终归依于内在品质仁的培养。

在政治诸种因素中，孔子最注重执政者的表率作用。孔子把政治的实施过程看作是道德化过程，十分强调领导者自己在政治实践中的以身作则。

《论语》中很多地方对此都有记载。

"季康子问政于孔子。孔子对曰:"政者,正也,子帅以正,孰敢不正?"又说:"子为政,焉用杀?子欲善而民善矣。君子之德风,小人之德草。草上之风,必偃。"①孔子还说过:"其身正,不令而行,其身不正,虽令不从。""苟正其身矣,于从政乎何有?不能正其身,如正人何?"②

在孔子看来,君臣之间不只是权力制约关系,而且要靠礼、忠、信等道德来维系。"君使臣以礼,臣事君以忠"。这种关系维系的主要纽带便是执政者、管理者之间都要遵守道德的准则。孔子主张,培养官僚不是首先讲如何学会政治之道,而是首先从事道德训练与培养。

三、结　论

孔子的为政主张可以集中概括如下:

第一,孔子所追求的理想社会是"大同"。

第二,孔子的现实社会追求是"东周梦"。

第三,孔子主张以德治国,德礼并治。

---

① 程树德撰:《论语集释·卷 25　颜渊下》,第 1345—1349 页。《论语·篇》

② 程树德撰:《论语集释·卷 26　尧曰》,第 1345—1349 页。《论语·篇》

第四，孔子主张足食足兵民信。

第五，孔子主张德教与刑罚并重。

第六，孔子主张中庸与致中。

第七，在治民方面，孔子主张宽猛相济，德威并用。

第八，孔子重视人才在治理中的作用，提出过类似贤人政治的观点。

第九，重视教化在政治中的作用，孔子强调富民、使民、教民地重要性。

第十，孔子主张尊君一统，中央集权。

长期以来，孔子的治国思想在中国历史上很有地位，其价值不应低估。历史已经证明，从秦至清，统治者最先采用法治，继而又采用无为而治，但都只能行之一时，而当孔子的政治思想一登上政治舞台，便占据意识形态统治地位长达两千余年之久。北宋宰相赵普有"半部论语治天下"之说。从某种程度上讲，《论语》就是一部关于中国人自己的政治管理学。今天反省中国传统政治，孔子的治国之方和统治之道自应当加以重视研究、扬弃与实现现代转化。

附　录

一、主要参考书目

（汉）韩婴撰，许维遹校释：《韩诗外传集释》，中华书局 1980 年版。

（西汉）司马迁撰：《史记》，中华书局 1982 年版。

（宋）朱熹撰：《四书章句集注》，中华书局 1983 年版。

（清）焦循撰，沈文倬点校，《孟子正义》，中华书局 1987 年版。

（汉）刘向撰，向宗鲁校证：《说苑校证》，中华书局 1987 年版。

（清）王先谦撰，沈啸寰、王星贤点校：《荀子解集》，中华书局 1988 年版。

程树德撰，程俊英、蒋见元点校《论语集释》，中华书局 1990 年版。

（清）王先慎撰，钟哲点校：《韩非子集解》，中华书局1998 年版。

（春秋）左丘明撰，徐元诰集解，王树民、沈长云点校：《国语集解》，中华书局 2002 年版。

（战国）吕不韦编，许维遹集释，梁远华整理：《吕氏春秋集释》，中华书局 2009 年版。

（清）阮元校刻：《十三经注疏清嘉庆刊本》，中华书局2009 年版。

（清）郭庆藩撰，王孝鱼点校：《庄子集释》，中华书局2012 年版。

（清）陈士珂辑，崔涛点校：《孔子家语疏证》，凤凰出版社 2017 年版。

郭沫若著：《十批判书》，科学出版社 1956 年版。

冯友兰著：《中国哲学史》，中华书局 1961 年版。

任继愈主编：《中国哲学史》，人民出版社 1963 年版。

杨伯峻译注：《论语译注》，中华书局 1980 年版。

匡亚明著：《孔子评传》，齐鲁书社 1985 年版。

曲阜师范大学孔子研究所编：《孔子思想研究论集》，齐鲁书社 1987 年版。

李启谦著：《孔门弟子研究》，齐鲁书社 1989 年版。

金景芳、吕绍纲、吕文郁著：《孔子新传》，湖南出版社1991 年版。

宋衍申、肖国良著：《孔子与儒学研究》，吉林教育出版社1993年版。

齐涛主编，王和著：《中国政治通史——从邦国到帝国的先秦政治》，泰山出版社2003年版。

赵逢玉著：《仁学探微》，中国矿业大学出版社2003年版。

张宗舜、李景明著：《孔子大传》，山东友谊出版社2003年版。

林存光著：《历史上的孔子形象》，齐鲁书社2004年版。

杨天宇撰：《礼记译注》（上、下），上海古籍出版社2004年版。

林语堂著：《中国先哲的智慧》，陕西师范大学出版社2006年版。

辜堪生、李学林著：《周公评传》，四川大学出版社2006年版。

李零著：《丧家狗——我读〈论语〉》，陕西人民出版社2007年版。

孟文通著：《儒学五论》，广西师范大学出版社2007年版。

林甘泉主编：《孔子与20世纪中国》，中国社会科学出版社2008年版。

方向东著：《大戴礼记汇校集解》，中华书局2008年版。

刘泽华著：《中国政治思想史集》，人民出版社2008年版。

陈来著：《古代宗教与伦理》，生活·读书·新知三联书店2009年版。

庞朴著：《儒家辩证法研究》，中华书局 2009 年版。

陈明著：《文化儒学》，四川人民出版社 2009 年版。

李宏峰著：《礼崩乐盛—以春秋战国为中心的礼乐关系研究》，文化艺术出版社 2009 年版。

薛永武著：《礼记·乐记研究》，光明日报出版社 2010 年版。

黄勇军著：《儒家政治思维传统及其现代转化》，岳麓书社 2010 年版。

王博著：《中国儒学史》先秦卷，北京大学出版社 2011 年版。

杨琥编：《夏曾佑集》，上海古籍出版社 2011 年版。

刘烈著:《重构孔子——历史中的孔子与孔子心理初探》，中国国际广播出版社 2011 年版。

何新著：《论孔学》，同心出版社 2012 年版。

干春松著：《制度化儒家及其解体》，中国人民大学出版社 2012 年版。

颜炳罡、彭战果著:《孔墨哲学之比较研究》，人民出版社 2012 年版。

傅佩荣编著：《孔子辞典》，东方出版社 2013 年版。

李木生著：《布衣孔子》，人民出版社 2013 年版。

蔡尚思著:《孔子思想体系》，上海古籍出版社 2013 年版。

梁涛著：《儒家道统说新探》，华东师范大学出版社 2013 年版。

黎靖德编，黄坤、曹珊珊注评：《朱子语类》，凤凰出版社 2013 年版。

王宁、褚斌杰等著：《十三经说略》，中华书局 2015 年版。

关万维著：《先秦儒法关系研究——殷周思想对立性继承及流变》，上海人民出版社 2015 年版。

卞朝宁著：《〈论语〉人物评传》，江苏人民出版社 2015 年版。

栾贵川著：《孔子的修齐治平之道》，社会科学出版社 2016 年版。

顾荩臣著，金歌校点：《经史子集概要》，上海科学技术出版社 2016 年版。

王恩来著：《人性的寻找——孔子思想研究》，中华书局 2016 年版。

杨泽波著：《孟子与中国文化》，上海人民出版社 2017 年版。

钱穆著：《论语新解》，生活·读书·新知三联书店 2017 年版。

钱穆著：《中国思想史》，九州出版社 2017 年版。

钱穆著：《孔子传》，九州出版社 2017 年版。

李长之著：《孔子传》，新世界出版社 2017 年版。

陈鼓应著：《古代呼声》，中华书局 2017 年版。

杨伯峻译注：《论语译注》，中华书局 2017 年版。

韩星著：《走进孔子——孔子思想的体系、命运与价值》，福建教育出版社 2017 年版。

高专诚著：《荀子传》，北岳文艺出版社 2017 年版。

杨海文著：《孟子的世界》，齐鲁书社 2017 年版。

周桂钿著：《中国儒学讲稿》，福建教育出版社 2017 年版。

王建著：《〈易经〉心解——与文王面对面》，作家出版社 2017 年版。

林义正著：《公羊春秋九讲》，九州出版社 2018 年版。

周萌著：《〈春秋〉的牢骚与梦想》，北京大学出版社 2018 年版。

二、孔子行政及政论大事记

公元前 522 年（周景王二十三年，鲁昭公二十年），30 岁

《史记·孔子世家》说：

　　鲁昭公之二十年，而孔子盖年三十矣。齐景公与晏婴来适鲁，景公问孔子曰："昔秦穆公国小处辟，其霸何也？"对曰："秦，国虽小，其志大；处虽辟，行中正。身举五羖，爵之大夫，起累绁之中，与语三日，授之以政。以此取之，虽王可也，其霸小矣。"景公说（悦）。

公元前 517 年（周敬王三年，鲁昭公二十五年），35 岁

鲁昭公率师攻季孙氏，季孙、叔孙、孟孙三家联合反抗昭公，昭公师败奔齐。

孔子因鲁内乱经泰山适齐，遇一女子哭诉亲人被虎咬死仍不愿离开此地时，不由发出"苛政猛于虎"的慨叹。到齐国后为高昭子家臣，并晋见齐景公。

公元前 516 年（周敬王四年，鲁昭公二十六年），36 岁

孔子在齐，答齐景公问政说："君君，臣臣，父父，子子。""政在节财。"

公元前 506 年（周敬王十四年，鲁定公四年），46 岁

孔子在鲁，带学生往观鲁桓公庙，问欹器，发挥"持满"之道说："吾闻宥坐之器者，虚则欹，中则正，满则覆。"

公元前 505 年（周敬王十五年，鲁定公五年），47 岁

鲁国季平子卒，季氏家臣阳虎作乱篡政。阳虎欲劝孔子出仕，孔子避之，退而继续修《诗》《书》《礼》《乐》以教弟子。孔子说："不义而富且贵，于我如浮云。"

公元前 502 年（周敬王十八年，鲁定公八年），50 岁

孔子在鲁，自谓"五十而知天命"；公山不狃招孔子出仕，被子路劝阻。《论语·阳货》篇记载：

> 公山弗扰以费畔，召，子欲往。子路不说（悦），曰："末之也已，何必公山氏之之也？"子曰："夫召我者，而岂徒哉？如有用我者，吾其为东周乎！"

公元前 501 年（周敬王十九年，鲁定公九年），51 岁

孔子在鲁，任中都（今山东汶上县西）宰，卓有政绩。

公元前 500 年（周敬王二十年，鲁定公十年），52 岁

孔子在鲁，相继升小司空、大司寇。夏，鲁、齐夹谷（今山东莱芜南）之会。孔子以大司寇身份为定公相礼。会盟前，孔子说，"虽有文事，必有武备"。因为进行了周密的准备，鲁国取得了这次政治外交的重大胜利，齐国被迫归还郓、汶阳、龟阴等地。

公元前 499 年（周敬王二十一年，鲁定公十一年），53 岁

孔子在鲁，为鲁大司寇，鲁国大治。

公元前 498 年（周敬王二十二年，鲁定公十二年），54 岁

孔子在鲁，杀少正卯。在大司寇任上，采取纵深改革，"堕三都"，企图从三家贵族手中收回权力归鲁君。堕邱邑（今山东东平县南）、费邑（山东费县）较顺利，堕成邑（今山东宁阳东北）受阻，导致"堕三都"的改革半途而废。

公元前 497 年（周敬王二十三年，鲁定公十三年），55 岁

孔子去鲁适卫，开始十四年流亡列国求政的羁旅生涯。据《论语·阳货》篇记载：

> 子适卫，冉有仆。子曰："庶矣哉！"冉有曰："既庶矣，又何加焉？"曰："富之。"曰："既富矣，又何加焉？"曰："教之。"

公元前 494 年（周敬王二十六年，鲁哀公元年），58 岁

中牟宰佛肸邀请孔子。孔子意欲应邀赴中牟。

《论语·阳货》篇中比较详细地记了此事:

> 佛肸召,子欲往。子路曰:"昔者,由也闻诸夫子曰:'亲于其身为不善者,君子不入也。'佛肸以中牟畔,子之往也,如之何?"子曰:"然,有是言也。不曰坚乎?磨而不磷;不曰白乎?涅而不缁。吾岂匏瓜也哉?焉能系而不食?"

公元前 493 年(周敬王二十七年,鲁哀公二年),59 岁

孔子在卫,又适曹赴宋。卫灵公问军阵于孔子,孔子说:"俎豆之事则尝闻之,军旅之事未之学也。"孔子在卫三年多而不得用,遂决计离卫而去。孔子适宋途中,受宋司马桓魋威胁而微服适郑,然后到陈。

公元前 492 年(周敬王二十八年,鲁哀公三年),60 岁

孔子在陈。鲁国季桓子病重时,曾嘱其子季康子要召回孔子以相鲁,但季康子未按其父嘱行事,只召孔子弟子冉求回国。孔子说:"鲁人召求,非小用之,将大用之也。"

公元前 489 年(周敬王三十一年,鲁哀公六年),63 岁

孔子在陈。在前往楚国途中被陈蔡两国大夫派人所困,绝粮七日,但孔子及弟子依然诵读、弦歌不止。孔子在路途中还遇到隐者长沮、桀溺、荷蓧丈人和楚狂接舆等隐士的讽谏。楚大夫诸梁(采邑在叶,人称叶公)问政于孔子,孔子以"近者说(悦),远者来"对之。叶公又问子路孔子是什么

样的人物，子路不知如何回答。孔子闻曰："女奚不曰：'其
为人也，发愤忘食，乐以忘忧，不知老之将至云尔。'"

公元前 488 年（周敬王三十二年，鲁哀公七年），64 岁

孔子由负函（今河南信阳）返卫。其时卫出公与其父蒯聩
争夺君位，政局混乱。子路向孔子询问为政之道，孔子说：
"必也正名乎！……名不正则言不顺，言不顺则事不成，事
不成则礼乐不兴，礼乐不兴则刑罚不中，刑罚不中则民无所
措手足。"

公元前 484 年（周敬王三十六年，鲁哀公十一年），68 岁

孔子应鲁执政季康子之请，由卫返鲁，至此结束了长达
14 年的流亡生活。鲁哀公问政，孔子说："政在选臣。"又
问："何为则民服？"回答说："举直错诸枉，则民服；举枉错
诸直，则民不服。"季康子问政，孔子说："政者正也，子帅
以正，孰敢不正？"季康子又通过冉有问"田赋"之事，孔子
说："若不度于礼，而贪冒无厌，则虽以田赋，将又不足。"
季康子不纳，亦不用孔子。孔子决心不再求仕，始整理《诗》
《书》，定《礼》《乐》，作《春秋》，继续授业讲学。

公元前 481 年（周敬王三十九年，鲁哀公十四年），71 岁

孔子在鲁，作《春秋》。弟子颜回死，孔子痛哭，说：
"噫！天丧予！天丧予！"叔孙氏及家臣"西狩获麟"，孔子
说："吾道穷矣！"自此绝笔，停止修《春秋》。

公元前 479 年（周敬王四十一年，鲁哀公十六年），73 岁

夏历二月十一日，孔子去世。鲁哀公特写诔文："旻天不吊，不慭遗一老，俾屏余一人以在位，茕茕余在疚。呜呼哀哉！尼父！无自律。"孔子死后，众弟子将他葬于曲阜城北泗水南岸。弟子以父礼为他守墓三年，唯子贡守墓凡六年。